遇见海洋

绝美
世界海景

武鹏程 编著

海洋出版社

北京·2025

图书在版编目（CIP）数据

遇见海洋：绝美世界海景 / 武鹏程编著. -- 北京：海洋出版社，2023.9
ISBN 978-7-5210-1208-8

Ⅰ．①遇… Ⅱ．①武… Ⅲ．①海洋－普及读物 Ⅳ．① P7-49

中国版本图书馆 CIP 数据核字（2023）第 236610 号

遇·见·海·洋

绝美
世界海景

JUEMEI
SHIJIE HAIJING

总 策 划：刘 斌	发 行 部：(010) 62100090
责任编辑：刘 斌	总 编 室：(010) 62100034
责任印制：安 淼	网 址：www.oceanpress.com.cn
排 版：海洋计算机图书输出中心 晓阳	承 印：侨友印刷（河北）有限公司
出版发行：海洋出版社	版 次：2023 年 9 月第 1 版
地 址：北京市海淀区大慧寺路 8 号	2025 年 1 月第 2 次印刷
100081	开 本：787mm×1092mm 1/16
经 销：新华书店	印 张：8
技术支持：(010) 62100055	字 数：150 千字
	定 价：48.00 元

前 言

　　"每一次难过的时候，就独自看一看大海……"正如许巍在歌曲《曾经的你》中所唱的，海洋有一种魔力，让人在无数海浪的奔袭中获得向上的力量……

　　在乌鲁瓦图断崖处，看着崖底汹涌的波涛，听着传说中凄美的爱情故事，让人心中产生一种珍惜当下生活的感悟；烦了、累了就去猪岛，感受岛上小猪们完全不同的生活，它们天天"躺平"，热了泡泡海水澡，饿了朝游客卖卖萌，就可以获得食物，让每天处于快节奏生活中的人们，体验到另外一种完全不同的生活。

　　还可以前往阿尔加维海滩，在湛蓝的海水之间，那一块块沧桑的巨石上面布满了一道道岁月的蚀纹，再坚硬的石头在时间面前都是如此脆弱，生活中的那些琐事、不忿或是不开心与之相比又算得了什么呢？

　　平实的生活，自己就是主宰，人总想"仗剑走天涯"，可哪有那么多"梦想如花"？繁华易逝，烟花易冷，不如追寻海洋的脚步，感受色彩缤纷的绝美海景，不失为一种快乐。

　　本书将带领大家探寻世界上的绝美海景，通过图文并茂的方式，带给人们身临其境的感受，希望通过阅读本书，在大家下一次的旅行计划中，有更多不一样的选择。

　　本书由武鹏程编著，参与编写的人员还有郑玉洁、武寅、赵海风、赵兴平、徐东升、郑亭亭、郑爱华。

目 录

亚洲篇

矗立海边的小教堂

圣母礁岩

这里有碧海、蓝天、椰林、长长的白沙滩，周围的海水清澈而透明，在阳光照射之下犹如人间仙境。

[长滩岛如一根长长的骨头]

长滩岛属于典型的热带海洋气候，每年的11月至次年5月是这里的旅游旺季，气温为25~28℃，也是长滩岛的旱季。长滩岛的旅游淡季为6—10月，气温为22~32℃，也是这里的雨季。

圣母礁岩位于菲律宾中部的长滩岛。长滩岛距离马尼拉以南约315千米，是菲律宾中部的一座岛屿，整体呈狭长形，它犹如一根骨头，两头大、中间窄，最窄处只有1000米左右，面积仅约10平方千米。整座岛长7千米，布满了各色海滩。

圣母礁岩由一块巨大的火山熔岩形成，其矗立在海中，当地居民在上面盖了一座小教堂，实际上，顶多算个佛龛，里面供奉了一尊圣母像，所以取名圣母礁岩，这是长滩岛上的标志性景点。

[如同佛龛大小的超小教堂]　　　　[圣母礁岩上的圣母像]

随着潮水涨落，圣母礁岩时而立于海水之中，时而立于沙滩一隅，退潮的时候，可以沿着海滩直接走到礁岩处。爬上礁岩，朝南能清楚眺望长达 4 千米、从北向南延伸的白色沙滩，这些白沙是由大片珊瑚磨碎后冲刷而成的。沙滩平缓舒展，沙质洁白细腻，即使在骄阳似火的正午时分，沙子也不会形成刺眼的洁白色，而是呈现银白的珠光色，若是光脚踩在沙滩上，还会有清凉之

2007 年，长滩岛在雅虎旅游"世界最受欢迎海滩"的评选中获得第一名。

菲律宾有收小费的习惯，无论是脚夫、吧台服务员、饭店服务员，均依靠小费作为收入。一般给 20 比索的小费就可以。

[海中的圣母礁岩]

涨潮时，圣母礁岩宛如一艘小船漂荡在海中。

感，因此被誉为"世界上最细的沙滩"和"亚洲最美沙滩"，是"世界七大美丽沙滩"之一。

圣母礁岩附近的海水清澈见底，肉眼就能看到许多海底生物，是潜水和戏水的绝佳之地。

长滩岛上只有旱季和雨季两个季节，每年6—10月为雨季，气候湿热，午后常会有雷阵雨；11月至次年5月为旱季，降雨较少，是旅游旺季。

如果时间允许，在长滩岛这座纤尘不染的小岛上过上几天与世隔绝的生活，在细柔的白沙滩上漫步，在海浪拍打的礁岩上聆听圣母的心声，岂不是人生一大快事？

长滩岛的建筑很少有超过3层的，它们掩映在椰林之中，少了城市中的拥挤和喧嚣，多了些许惬意。

[长滩岛白沙滩]

[沙滩边的圣母礁岩]
退潮时，圣母礁岩如同一头横卧于沙滩上的巨兽。

[卢霍山山顶观景台]
卢霍山是长滩岛最高的地方，海拔100米，虽然不高，但很难攀登，在山顶可以俯瞰全岛风貌，可360度无死角欣赏绝美海景！

世界上最美荧光海滩之一

瓦度岛

马尔代夫被许多人形容为"似天际抖落的翡翠"，也有人把它喻为印度洋上最美丽的花环，而瓦度岛的荧光海滩就是花环中最美丽的一朵花。

拖尾沙滩

在马尔代夫 1000 多座岛屿中，最被推崇的景点就是众多迷人的海滩。这些海滩因常年经受印度洋海水的冲刷，沙滩显得格外洁白细软，拖尾沙滩就是其中的代表。拥有拖尾沙滩的岛屿有库拉玛提岛、可可尼岛、康迪玛岛、迪加尼岛、奥露岛、丽世岛等。除了拖尾沙滩之外，马瓦度岛的荧光海滩在马尔代夫的众多沙滩中也颇具特色。

潜水胜地

瓦度岛位于马尔代夫南环礁北端的珊瑚环礁的群礁边缘，水下周边有一圈海沟，拥有绝佳的天然景致与丰富的海洋生态，犹如一座天然的海洋水族馆，珊瑚和鱼

马尔代夫拥有丰富的海洋生物和 70 多种五颜六色的珊瑚。游客可以透过清澈的海水，观察到令人难以置信的海底世界。

拖尾沙滩就是延伸到海上的沙滩，涨潮时一般会被淹没一些，退潮时就整个露出来，像是拖着一条长长的尾巴，非常漂亮。

[在瓦度岛潜水]

[瓦度岛水上屋]

瓦度岛首先将水上屋的概念引进马尔代夫群岛，可以说是水上屋概念的先驱。

生物发光现象是指生物通过体内一定的化学反应，将化学能转化为光能并释放的过程。萤火虫的发光就是最为人所知的一种生物发光现象。

无数散发着幽蓝色光芒的浮游生物随着浪花冲在沙滩上，如同满天的繁星降落，美得让人窒息。

瓦度岛不仅有发光的浮游生物，还有会发光的鱼，每当夜色降临，在灯光的照耀下，安静的海底变得格外诱人，如果运气好，就能碰到发光鱼，它们会闪着绿光，一条、两条、三条……

全世界有 7 个有名的荧光海滩，3 个在波多黎各，2 个在澳大利亚，1 个在马尔代夫，1 个在我国的秦皇岛，其中最著名的是波多黎各维埃克斯岛上的荧光海滩。2014 年，我国大连也出现了荧光海。

类非常丰富，环岛一周有 40 个以上的潜点可供选择，2004 年被《世界潜水旅游》杂志评选为"最佳潜水胜地"。

荧光海滩

瓦度岛荧光海滩是世界上少有的发光海滩，在漆黑的夜幕下，散发着幽蓝色光芒的海水，冲在沙滩上形成了"荧光海滩"，也有人称为"蓝眼泪""火星潮"。无数的浮游生物散发出幽蓝色的光，随着海浪的推动，光点拍在沙滩、岩石上……景色特别迷幻，而产生这种荧光的浮游生物多为多边舌甲藻或鞭毛藻，当它们受到海浪拍打和人为的压力时，就会像萤火虫一样发出绿色或蓝色的荧光。

在夜晚来临，漫步在瓦度岛的荧光海滩上时，犹如漫步在梦境之中，令人如梦似幻，流连忘返。

[瓦度岛"蓝眼泪"]

[瓦度岛水上屋边上的"蓝眼泪"]

最美的珍珠海滩

兰卡威珍南海滩

兰卡威岛有悠久的历史、灿烂的传统文化和让人心旷神怡的美景，珍南海滩更被誉为"最美的珍珠海滩"。

兰卡威群岛又名浮罗交怡，位于马六甲海峡，槟榔屿的北方，毗邻泰国，由99座石灰岩岛屿组成，是马来西亚最大的群岛。兰卡威岛是兰卡威群岛的主岛，其四面被海水环绕，绕岛一周长约80千米，岛内有很多山，它是群岛中面积最大且唯一有人定居的岛。

毗湿奴的坐骑

"兰卡威"一词在古马来语中有"强壮的鹰"的意思，在岛上也流传着关于鹰的故事：相传，在兰卡威还没有名称前，一位王臣来到岛上，见到一只巨鹰伫立于巨石上，迟迟不肯离去，王臣认为那只巨鹰便是毗湿奴的坐骑揭路荼，在马来语里鹰是"helang"，而强壮是"kawi"，

[汪大渊]

我国元朝民间航海家汪大渊在所著的《岛夷志略》中有关于兰卡威的介绍："当时龙牙菩提（兰卡威）没有稻田，只种薯芋，收成后堆存屋内，作为储粮。此外还种植果类和采集蚌、蛤、鱼、虾，补充薯芋食用。产品包括速香、槟榔、椰子等。"明代的《郑和航海图》中也曾提及这里。

[兰卡威鹰]

兰卡威的老鹰有两种：红色的兰卡威鹰和灰白色的海鹰。

[毗湿奴与坐骑神鸟揭路荼]

揭路荼又名迦留罗、迦娄罗、迦楼罗，是古印度神话传说中记载的一种巨型神鸟，在印度教中是三大主神之一的毗湿奴的坐骑，而在佛教中则位列八部天龙之一。

[马来弯刀]

马来弯刀又称作马来帕兰刀，是一种马来人惯用的弯月形短刀，具有非常典型的地域特点。

组合在一起即是兰卡威（helangkawi）。

因此，鹰是兰卡威岛上的吉祥物，有着独特的意义，岛上也有很多关于鹰的建筑，还有著名景点巨鹰广场。

最美的珍珠海滩

珍南海滩是兰卡威岛上最受游客欢迎的海滩之一，不仅有洁白无瑕、绵长平缓的沙滩和清澈、碧绿的海水，在其周围的海底还有一条 15 米长的海底隧道，漫步于隧道之中，可以观赏到神秘而美丽的海底世界：各式各样的海洋生物在水下自由地穿梭，缤纷多彩的珊瑚群在水底摇曳，因此被誉为"最美的珍珠海滩"。如此美丽的海滩却有一个让人痛心的传说。

相传在 1819 年，当地一位酋长向有夫之妇玛苏丽公主求爱被拒绝后，诬陷公主不贞，涉嫌与吟游诗人通奸，因而判处她被马来弯刀刺死，玛苏丽公主临死前，对着上天发下了最狠毒的诅咒："兰卡威岛的子子孙孙七代人都将不得安宁！"

如此狠毒的诅咒宣泄着玛苏丽公主心中的愤恨，也为这座小岛增添了几许神秘色彩。玛苏丽公主死后不久，兰卡威岛就遭到暹罗（泰国）人的大举入侵，似乎应验了传说的真实性。

相传，玛苏丽公主被行刑之后，她的身体里流出了

[玛苏丽公主画像]

[巨鹰广场雕塑]

这座墓地是为了纪念 200 多年前的玛苏丽公主而建。墓园建得很美，墓园里的水池、墓碑以及墓冢都是用岛上盛产的白色大理石雕砌而成的，造型典雅。

[天空之桥]

天空之桥建成于 2004 年 10 月，总长 125 米，桥形呈圆弧状，悬空并被固定在山腰，由 8 根钢缆牵引，整座桥被"吊"在 687 米高的空中，连接着两个山头，这是兰卡威岛的热门网红打卡之地。

白色的鲜血，证明她的清白，而且她的白血一直流淌，染白了兰卡威岛的海滩，如今有"最美的珍珠海滩"之称的珍南海滩或许就是被她的血染白的。

神秘之地：黑沙滩

兰卡威岛除了有"最美的珍珠海滩"之外，还有一个黑沙滩，据说玛苏丽公主发出诅咒后，暹罗人入侵兰卡威岛，那些迫害公主的人被暹罗人追杀到此，被杀后流出的黑血将原本的白色沙滩都染黑了。

黑沙滩位于兰卡威岛最北部，它的形成其实并不神秘，其实际上是由于远古时期的海底火山爆发，熔岩与泥土糅合在一起，在海水和风力长年累月的作用下，熔岩与泥土化整为零，变成绵绵不绝的黑沙滩。如今每年 1 月或 12 月，这里都会举办国际风帆锦标赛，在黑沙滩不远处还有红树林、丹绒鲁海滩……均是这一带著名的景点。

兰卡威岛是马来西亚及其他东南亚国家游客最喜欢的度假胜地之一。岛上除了巨鹰、珍南海滩、黑沙滩之外，还有许多与民间故事或神话传说相关的景点，如七仙井、鳄鱼洞等。此外，兰卡威岛还有许多神秘而壮观的岩洞、茂密的红树林，都是独具魅力的探险地。

[红树林]

兰卡威岛的红树林曾抵御过海啸，为了保护红树林，也为了保护人们的生命安全（红树林中有各种野兽、毒虫、毒蛇等），马来西亚政府不允许游客擅自进入。

最美的观日地
日出海滩和日落海滩

日出海滩和日落海滩位于泰国丽贝岛，这里的海水从近乎透明的白，到碧绿、松石绿、孔雀蓝、宝蓝、深蓝、墨蓝……每天、每时、每处都会有不同的颜色，号称"泰国马尔代夫"。

[丽贝岛美景]

丽贝岛海域的珊瑚保护得很好，浮潜时可以看到很多鱼，退潮时，很多珊瑚还会露出海面，非常美丽。

这里最长的海滩也不到2000米，步行街全长1000米。

丽贝岛位于泰国南部，面积非常小，主要由日落海滩、日出海滩、芭堤雅海滩和一条步行街构成，它是泰国如今少有的还没有被大力开发的旅游岛屿。丽贝岛原始、美丽、安静、古朴，沙滩细软白净，海水清澈透明，海洋生物多姿多彩，拥有全球25%的热带鱼种，是浮潜的理想之地。

丽贝岛中心

丽贝岛是泰国一个较新的旅游景点，原始海洋环境面貌保留得很完整。这里的中国游客少，大部分是泰国

[日出海滩]

人和欧美人。丽贝岛南部是芭堤雅海滩，这里的沙子异常白细，沿着海滩往北走就是岛上唯一的商业中心——步行街。这条步行街只有 1000 米长，是整座岛上最热闹的地方，街道两旁几乎集中了全岛所有的饭店、酒吧，还有当地的特色按摩店，供疲劳的旅客放松自己。

日出海滩

日出海滩位于丽贝岛东侧，正对着太阳升起的方向，这里离步行街稍微有点远，但也只需十几分钟就可以到达。这里是丽贝岛最早看到太阳的地方，清晨赶在太阳出来之前到达海滩，吹着海风，等待红日从东方爬出海面，阳光洒满整个沙滩，别有一番风味。

日出海滩的沙子细如面粉，海水清澈见底，海滩上有树可以遮阴，海里有成群的热带鱼，是潜水和戏水的

[沙子细如面粉的沙滩]

[海滩一角]

[丽贝岛上专为穷游族准备的客栈]

[日出海滩美景]

[丽贝岛治安官]

丽贝岛不大，岛上一大特色是满地野狗，它们悠然地在岛上溜达，不愁吃喝，饿了岛上会有好心人喂食，困了随便找家店铺门口躺下，顺便当一下保安，或者干脆就睡在沙滩上，这里的狗一点都不怕人，对人很友好。

好地方。

日出海滩到了晚上就会变得安静，在海滩的尽头有一片很大的礁石群，绕过礁石群就是一个避暑山庄，山庄门口有一片长尾沙滩，这里是观看日落的好地方。

日落海滩

日落海滩位于丽贝岛的西北部，交通不便利，人迹罕至，还保留着很多原始风貌，海滩边只有两家酒店，是整座岛上最僻静的一处海滩，私密性十足。

日落海滩不大，是观看日落的最佳之地。在这里，除了海浪和风声之外，再无其他纷扰。夕阳慢慢地没入大海，余晖将人和大海渲染成和谐的一体，融合成一幅美景图。

[日落海滩]

[长尾海滩]

日落海滩因为地处偏僻，住宿费用全岛最便宜，因此聚集了很多背包客和泰国本地人。

丽贝岛上超过一半的酒店都没有热水供应，如果习惯洗热水澡，入住前先询问一下，确定后再入住。

火焰与海水构成的绝美景致

马荣火山

它是世界上轮廓最完整的火山，"一半是海水，一半是火焰"的独特景象让它既充满野性，又有着沉静之美。

马荣火山耸立在阿尔拜湾海岸上，是一座位于菲律宾吕宋岛东南部的活火山，海拔 2463 米，方圆 130 平方千米。

专家警告说，马荣火山仍有再次爆发的可能。因此，菲律宾火山和地震研究所宣布，最高的五级警戒状态，即"火山正在爆发的状态"依然有效，在此状态下，村民和旅游者被禁止进入马荣火山周围 8 千米以内。

最完美的圆锥体

马荣火山那近乎完美的圆锥形山体，号称"最完美的圆锥体"，无论从哪个角度观察，马荣火山均呈现几乎标准的几何对称，是世界上轮廓最完整的火山，也是世界上著名的活火山之一。2020 年 4 月，马荣火山入选"2020 世界避暑名山榜"。

马荣火山近年来曾多次濒临喷发，最近一次喷发热气是在 2013 年 5 月，直到今日，依然可见火山口冒出的冉冉白烟。在该火山周围 8 千米危险区域内，至今仍

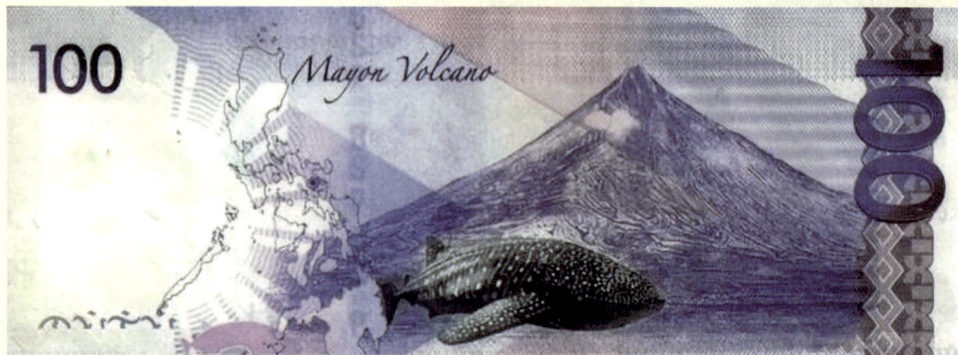

[菲律宾 100 比索纸钞上的马荣火山]

生活着近 5 万名居民，连吕宋岛东南岸的港口城市黎牙实比也处于马荣火山之下。虽然火山爆发会造成重大损失，但马荣火山对旅游业的影响却是正面的，吸引世界各地许多欲一睹火山爆发景象的火山爱好者及摄影爱好者蜂拥而至。

马荣公主

相传，很久以前这里并没有火山，当地的比科尔王国有一位名叫马荣的美丽公主，吸引了各处的贵族王公们求婚，但是公主却与敌国的王子韩迪鸥两情相悦，私定终身。

双方国王都反对他们的婚事，于是两国发生了战斗，马荣公主不忍心生灵涂炭，于是牺牲了自己，化解了两国的战事。不久之后，在埋葬马荣公主的地方逐渐隆起成山，山形越来越完美，人们都认为那是马荣公主的化身，为了纪念她，所以火山以马荣公主的名字命名。

菲律宾的马尔代夫

马荣火山矗立在布满椰林和稻田的绿色平原

[黎牙实比城内的纪念碑]

[马荣火山山脚下有编号的火山石]

马荣火山是菲律宾最活跃的火山之一，在过去 400 年间爆发了50 次。

[马荣火山接近完美的圆锥形山体]

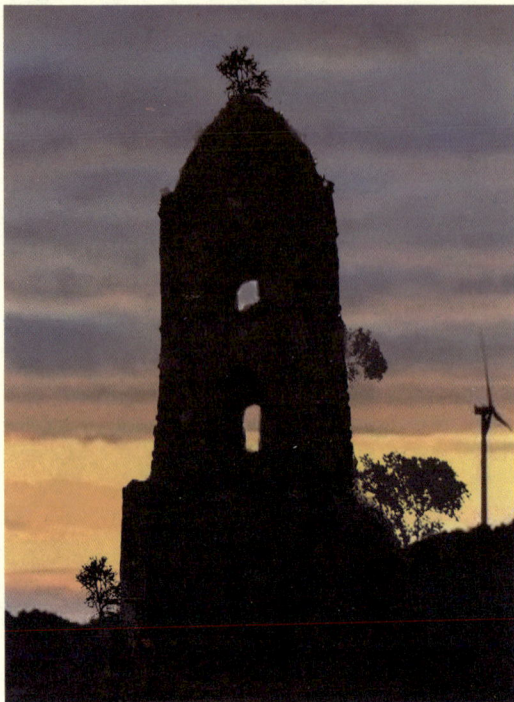

中间，几乎不与其他的山相连，显得突兀雄伟。白天，火山口不断喷着白色烟雾，烟雾凝成云层，遮住山头。入夜，烟雾呈暗红色，整座火山像一个巨大的三角形蜡烛座耸立在夜空中，绮丽而壮观。从远处看，"一半是海水，一半是火焰"的景象令人震撼。

马荣火山脚下是密思彼湾，它是一座独立的海岛，和马尔代夫一样，全岛只有一家度假村，建在一片私人海滩上，是一个占地 5 公顷的豪华、独特且隐秘的海岛休闲度假旅游胜地，被誉为"菲律宾的马尔代夫"。

[圣方济天主教堂钟塔遗迹]

圣方济天主教堂因 1814 年马荣火山爆发而摧毁，如今人们只能凭借残存的钟塔遗迹，缅怀当时罹难的 2000 人，并瞻仰火山女神的浅眠睡容。

黎牙实比

马荣火山脚下除了密思彼湾之外，还有阿尔拜省的首府黎牙实比，它距离马尼拉 550 千米，是阿尔拜省唯

[密思彼湾]

一一座城市，也是贸易中心。

黎牙实比这座城市的名字来源于 16 世纪西班牙入侵菲律宾时的总指挥黎牙实比。1569 年，西班牙国王腓力二世任命黎牙实比为菲律宾总督。1572 年，西班牙军攻占吕宋岛，当年黎牙实比在马尼拉病死。为纪念这位殖民者和冒险家，马荣火山脚下的这座城市就以他的名字命名。

在黎牙实比的每个角落都能清楚地看到马荣火山，不过，最佳的观测点是卧狮山，在这里可以将黎牙实比市区、港口及火山同框，拍的每一张照片几乎都可以用作明信片。马荣火山的魅力中带着一种野性，也许未来的某一天，它又会发疯肆虐，希望不要毁掉黎牙实比这个美丽的地方。

[火山岩雕塑]
该雕塑形象是一位当地女人高举当地的特产红辣椒。

[火山石雕刻的美人鱼]
当地人将火山石雕刻成各种形状，甚至用火山石建造房子等。

落差1000米的海底悬崖

巴里卡萨大断层

这里没有嘈杂的人声，没有城市的喧嚣，海岛独有的原始和宁静能让你感受物欲之外最真实的自然馈赠。

与普吉岛的人多嘈杂和巴厘岛的风情万种相比，有着"千岛之国"称号的菲律宾的巴里卡萨岛更显别致与刺激。

好像一朵巨大的蘑菇

巴里卡萨岛是一座位于赤道附近的珊瑚岛，孤立于海中央，距离薄荷岛只有45分钟车程，整座岛好像一朵巨大的蘑菇竖立在海底，露出海面的部分就是巴里卡萨岛。

巴里卡萨岛的四周有白色细腻的沙滩，沿着沙滩可以走到海中，海水不规则地分出了深浅，近处的是清澈见底的绿色海水区，稍远处则是不规则的蓝色海水区，海水下面不是暗礁就是珊瑚，更远处的海水突然整体变成深蓝色，这就是世界知名的巴里卡萨大断层。

巴里卡萨岛的最大特色就是可以漂在水中俯瞰巴里卡萨大断层。

[鸟瞰巴里卡萨大断层]

鸟瞰巴里卡萨大断层，其更像是一只梦幻般悬浮在海面上的巨大眼睛，有着蓝绿交错的虹膜和泛黄的瞳孔。

[巴里卡萨海滩]

[巴里卡萨大断层海底悬崖]

在巴里卡萨大断层潜水，让人有一种"当你凝视深渊的时候，深渊也在凝视你"的神秘感。

[巴里卡萨大断层杰克鱼风暴]

巴里卡萨海域有大量的鱼类，尤其是在距离水面 5 ~ 10 米处，浮潜者常可以看到杰克鱼风暴，且杰克鱼都非常大。

1000 米的落差

巴里卡萨大断层几乎呈 90 度，陡峭的悬崖垂直于大海，直达海底。崖壁上满是珊瑚和各种生物，成群美丽的热带鱼穿梭其间，海中美景犹如花园般花团锦簇，超过 50 厘米长的大鱼随处可见，形成了颇为罕见的海底奇观，清澈的海水使潜水者有种在太空中漫步的错觉。这里的海底悬崖有 1000 米的落差，景观相当壮丽，是世界知名的潜水胜地，当地人称为"玫瑰大峡谷"。

薄荷岛上的很多旅游项目都在周边各岛屿上，其中巴里卡萨岛就是薄荷岛附近最著名的潜水胜地之一。

巴里卡萨大断层有珍贵、稀有的黑珊瑚礁环绕着生长，此处珊瑚呈玫瑰形状，显得格外巨大和艳丽。

[处女岛]

处女岛与巴里卡萨岛近在咫尺，鸟瞰处女岛，其就像一只白鸽。它是一座无人小岛，岛上有一处长长的沙滩，延伸到海中，没有涨潮的时候，在海水中可以走出几百米远，沙滩两旁停满了螃蟹船。

西巴丹岛海狼风暴 ·:·:·

这里从深至浅可以看到形状各异的珊瑚、海葵、海龟，以及由成千上万条海鱼密集形成的鱼群，甚至连最难得一见的海狼风暴也随时可见。

[西巴丹岛美景]

[鱼群]

西巴丹岛也叫诗巴丹岛，位于马来西亚的西里伯斯海上，是马来西亚唯一的深洋岛，面积约4万平方米。

如同一柱擎天

西巴丹岛如同一柱擎天，从600米深的海底直接伸出海面，岛屿边缘的水深呈断崖式急降，水下部分状如烟囱，只要在岛屿边缘多跨出一步，水深就直接从3米变为600米。

西巴丹岛地处北纬4°左右，虽近赤道，却很凉爽，这里除了有绝美的海滩外，水下的世界蕴含着无限活力，一年四季都适合潜水，被誉为世界级的潜水胜地、"未曾受过侵犯的艺术品"。这里的潜点众多，最受潜水者追捧的潜点有海龟镇、海狼风暴点、南角和悬浮花园。

海狼风暴点——使人震撼的潜点

海狼风暴点是一个使人震撼还有点风险的潜点，只有专业潜水高手才能在此感受到蜂拥而至的海狼风暴。海狼风暴指一种极为凶猛的金梭鱼（真金梭鱼和鬼金梭鱼）成群急速追捕，如狼般猎杀其他鱼类的场景。它们通常不主动攻击人类。在这个潜点除了能看到海狼风暴外，还能看到杰克鱼（鲹科鱼类的通用名）风暴、隆头鹦哥风暴，以及数以千计的燕鱼在面前翻飞，场面非常壮观，难得一见。

此地水流湍急，潜水者可根据自己的体能潜入到相应的深度，切忌潜得太深，另外，为了安全，建议使用流钩将自己固定在悬崖上。

与鱼群共舞之处——南角潜点

南角潜点的平均深度为 20 米左右，有与海狼风暴点相同的湍急水流，也有海狼风暴、杰克鱼风暴和隆头鹦哥风暴等。南角潜点的鱼群虽然不及海狼风暴点的大，但是场面之壮观也足以给人们留下深刻的印象。在南角潜点周围 40 米范围内，还是罕见鲨鱼类（如锤头鲨及

[海底白鳍鲨]

白鳍鲨大道水深 10 ～ 30 米，在这里常能看到 15 条以上的白鳍鲨列队游行。

[杰克鱼]

[梭鱼]

鉴于海洋保护措施，西巴丹岛每天只允许 120 人上岛，并且还要有潜水证才可以下水。

西巴丹岛不仅限制每天的上岛人数，而且不提供住宿，建议留宿至附近的马布岛。

[海龟]

[潜水者与鱼群]

长尾鲨）最常出没点之一。除此之外，南角潜点的海底峭壁中有不少龙虾躲在其中，在这里寻找龙虾是潜水者最爱的海底探索项目。

绚丽无比的海底——海龟镇潜点

听名字，就能知道这里有很多海龟，在西巴丹岛很多地方都能看到海龟，但是在海龟镇能看到更多的海龟，而且潜点周边到处都是海龟的栖息处。

这个潜点的深度为 14 米，海底有形状各异的珊瑚、海葵以及畅游海葵丛中的小丑鱼，还有海绵以及各种巨大的鱼群，就像是遗落在水中的调色盘，把海底渲染得绚丽无比。

[海底鱼群]

美洲篇

地球的尽头

圣卢卡斯角

它位于墨西哥下加利福尼亚半岛，被称为"北美后花园"，曾被墨西哥人认为是"地球的尽头"。

下加利福尼亚半岛位于墨西哥西北部，在墨西哥湾与太平洋之间。

说起墨西哥，很多人会联想到很多不安全因素，其实圣卢卡斯角比欧洲很多国家的旅游热点城市以及美国的很多大城市都要安全。

[圣卢卡斯角美景]

[圣卢卡斯角石拱]
当地人认为这是一扇通往永恒的门，热恋的情侣们只要在"拱门"下彼此倾诉对爱情的忠贞，便可以获得永久的爱情，因此，当夕阳快要沉落时，会有很多人来此祈福好运或爱情。

下加利福尼亚半岛是世界上最狭长的大半岛，形如一条长长的手臂，它从墨西哥的西北角向东南延伸，全长 1200 余千米，因此有"墨西哥的瘦臂"之称，而圣卢卡斯角就位于半岛的东南端顶点上，在信息欠发达时代，墨西哥人从"瘦臂"最北端到达圣卢卡斯角非常不易，因此他们认为这个三面被烟波浩渺、一望无际的太平洋包围的地方就是地球的尽头。

古墨西哥人认为"到了圣卢卡斯角，就到了地球的尽头"，而这个尽头有两处大自然塑造的奇景：一处是被称为"太平洋之门"的圣卢卡斯角石拱；另一处是圣卢卡斯角爱情滩。

[圣卢卡斯角爱情滩]
圣卢卡斯角爱情滩是享受纯正日光浴的绝佳地方。

圣卢卡斯角石拱

圣卢卡斯角石拱又称为"地之角"，是"地球的尽头"的重要标志，这是下加利福尼亚半岛伸向大海的山体岩石因长年受海浪冲刷而形成的，其中最大的一块岩石下方有一个被海水雕刻出的如拱门般的大洞。

太平洋的海水和科尔特斯海的海水在"拱门"外相汇，形成巨大的浪花和迷蒙的水雾，随风掀起冲向石拱，发出隆隆巨响，甚为壮观，"太平洋之门"由此得名。

科尔特斯海又译为哥得斯海，是太平洋深入北美大陆的狭长边缘海，位于墨西哥西北部大陆和下加利福尼亚半岛之间，呈西北—东南走向，北窄南宽，形似喇叭。

圣卢卡斯角爱情滩

圣卢卡斯角爱情滩位于圣卢卡斯角石拱和海岸之

间，是一个因长年海水冲刷而形成的覆盖着金黄色沙子的海滩，面积不是很大，南北长千余米，东西宽500多米。海滩南北两边被峭壁包围，东边是科尔特斯海，西边是太平洋，这里的风浪很大，东、西两边的海水时常会冲上来，融合后浸入海滩，就像情侣亲密接吻，因此这片沙滩得名"爱情滩"。

[海边警示牌]

圣卢卡斯角的水况复杂，很多不能下水的海滩边会有警示标志。

在墨西哥只要别人提供服务就要给小费。吃饭的账单上会写明建议小费为10% ~ 20%，一般给10%就够了。

神奇有魅力的地方

圣卢卡斯角有一种神奇的魅力，除了有名的"地之角"和"爱情滩"之外，还有大大小小、密密麻麻的明礁暗道，海岸线上遍布着众多被侵蚀和风化的岩洞和石孔，这种特殊的地质构造，使它曾经成为海盗的天堂，海盗们将劫掠而来的财宝藏匿在岩洞中。

如今，这片海域已经没有了海盗，那些怪石和岩洞成了海鸟、海豹的栖息地，这里也成了闻名世界的海滨度假胜地，经常举办各种各样的活动，如香蕉船、帆船运动、浮潜、风筝航海、潜水和骑马等。

[鸟瞰圣卢卡斯角爱情滩]

[镇中心的圣卢卡斯教堂]

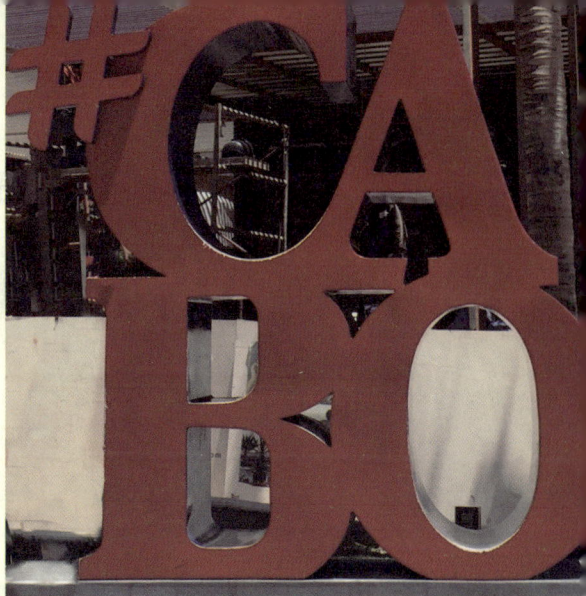

[港口的卡波（Cabo）标]

卡波圣卡镇

  据说圣卢卡斯角在 1.4 万年前就有人类活动的痕迹，但直至 20 世纪当地的小渔村才发展成典型的海边小镇——卡波圣卡，小镇有机场和港口，面积不大，只有几万人住在这里，镇中心是广场，广场边有一座 16 世纪殖民时期的老教堂——圣卢卡斯教堂。该教堂曾经占地面积很大，后来遭到了损毁，现在留下来的只是原来的很小一部分。连接广场的街道上布满了各种画廊和工艺品商店，充满了艺术气息。

  沿着小镇街道，可以直接走到圣卢卡斯港，港内一片繁华，停满了帆船和各种豪华游艇，奢华至极；周围酒店、酒吧林立，不论是在港湾漫步、酒吧内休憩，还是乘快艇在近海巡游，都有很好的体验。

[停满游艇的港口]

海洋之眼的美妙

伯利兹蓝洞

它被称为"世界十大地质奇迹"之一，也是世界上最困难、最热门的潜水胜地，如一只神秘的大眼球，被镶嵌在加勒比海中。

[近似圆形的伯利兹蓝洞]

蓝洞分为陆地蓝洞和海洋蓝洞。世界上著名的蓝洞除了伯利兹蓝洞之外，还有塞班岛蓝洞、卡普里岛蓝洞和三沙永乐龙洞等。

伯利兹蓝洞也被称为洪都拉斯蓝洞。

伯利兹蓝洞又称为大蓝洞，位于中美洲国家伯利兹东部的大洋中，距伯利兹海岸约96.5千米，比邻灯塔暗礁，是一个较大的完美环状海洋深洞，被誉为"世界十大地质奇迹"之一。

伯利兹蓝洞形成于冰河时代末期

巴哈马群岛附近的灯塔暗礁海域是一个巨大的石灰岩台地，大约形成于1.3亿年前。在200万年前的冰河时代末期，伯利兹蓝洞所在区域的石灰岩层露出海面，变成了陆域或海陆交界的区域，随后在外力的溶蚀作用下，石灰岩逐渐形成洞穴、暗河、石笋、钟乳石等喀斯

[伯利兹蓝洞美景]

特地貌景观。多孔疏松的石灰质穹顶因重力及地震等原因而很巧合地坍塌出一个近乎完美的圆形开口，成为敞开的竖井。当冰雪消融、海平面升高后，海水便倒灌入竖井，形成海中嵌湖的奇特蓝洞现象。

世界十大最好的潜水地之一

1971 年，世界著名的水肺潜水专家雅各·伊夫·库斯托对伯利兹蓝洞进行了勘探测绘，将其评为"世界十大最好的潜水地之一"。伯利兹蓝洞的洞口直径为 305 米，是已知的世界最大口径的蓝洞口；洞深 123 米，是已发现的世界第四深的水下洞穴，洞口近乎完美的圆形，仿佛是一个深蓝色的花环。洞内钟乳石群交错复杂，如一根根巨型石笋生长在水下，最长的可达 12 米。如今这个蓝色天坑是伯利兹堡礁保护系统的一部分，被联合国教科文组织列为世界自然遗产之一。

充满魔力的潜水胜地

伯利兹蓝洞由洞口向下，首先是一段垂直而不断冒泡的岩壁，随后岩壁向外扩大，水深 200 多米，海中洞穴神秘幽森，有大量的钟乳石，而且越深处水质越清，地质构造越复杂，水中还有大量个性温和、慵懒、不主动攻击人的鲨鱼共游，美丽与凶险并存。这也让伯利兹蓝洞犹如一个充满魔力的磁场，成为全球最负盛名的潜水胜地，吸引了全世界最勇敢的潜水者来此挑战。

[雅各·伊夫·库斯托]

雅各·伊夫·库斯托（1910—1997年）是法国最著名的海洋探险家之一，他发明了水肺型潜水器和水下使用电视的方法，不仅能让探险家们长时间停留在海下，摸清海底情况，还成功地将海底这一神秘世界让大众知晓。

科学家们在伯利兹蓝洞 120 多米深的珊瑚礁底部中提取了一些沉积物样本，并将其与伯利兹内陆地区石灰岩坑的沉积物样本进行比较研究，发现这两种样本的年代处于距今 1000—800 年间，当时正是玛雅文明衰落的时期。

猪的天堂
猪岛

在这座小岛上居住着一群快乐而悠闲的猪，它们会在海滩边散步、在海水中游泳，甚至学会了卖萌，还会向游客讨要食物并懂得如何与人类相处。

猪岛上的猪都长得很肥大，网传的"小猪"一点儿都不小，喂食的时候千万要小心，这群平时蠢笨卖萌的家伙，看见吃的就会围拢过来，张着大嘴往前拱，还会抢食。

巴哈马群岛是西印度群岛的三个群岛之一，位于佛罗里达海峡外的北大西洋上，这个群岛由700多座海岛和2400多个岛礁组成，猪岛就是其中之一。

快活似神仙的猪

巴哈马群岛既具有亚热带风情，也曾是加勒比海盗的大本营之一，随处可见海盗文化，如海盗餐厅、海盗博物馆以及海盗纪念品商店，每一处景点都有一个传奇

[呆萌的小猪仔]

猪岛岸上有很多小猪仔，可以抱着它们拍照，它们很配合，不闹也不叫，把它们放到水里，很利索地就往岸上游了。

[猪岛上的"网红猪"]

这是猪岛上的一头"网红猪"，很干净，没有腥臭的味道（其实整座猪岛上的猪都不臭），就是毛摸上去硬硬的。"网红猪"很亲近人类，而且会在你不注意的时候，悄悄地游到你身边，然后从水中探出头，萌萌地看着你……

的海盗故事。

在巴哈马群岛众多拥有海盗文化的岛屿中，有一座岛屿却让人啼笑皆非，这就是猪岛，它位于巴哈马群岛中部。猪岛上到处是天然泉水，同时被邻近的岛屿包围，免受热带风暴、巨浪的侵袭，岛上的主人是一群猪，它们每天悠闲自在，时而在清澈的海水中畅游，时而在柔软的沙滩上酣睡，日子过得安逸而幸福，快活似神仙。

[海盗博物馆]

[海盗徽章]

海盗们留下猪

据当地传说，在海盗横行的年代，巴哈马群岛是加勒比海盗的大本营之一，后来随着各国政府联合围剿，

[猪岛上的猪]
它们有胖胖憨憨的体态，样子都超级可爱。

要想和这些猪合影，就不要给它们吃的，只要看不见食物，它们还是很温顺的，甚至可以摸摸它们，抱着它们拍一些平和的照片。

巴哈马群岛有 500 多家国际金融机构，仅在拿骚就有近 400 家外资银行。它的国际放贷业务仅次于英国、美国、日本而居于世界第四位。

[猪岛的蜥蜴都长得像猪]

海盗们的劫掠生意越来越难做了，于是他们就在群岛中部的一座岛上养起了猪，以备不时之需，后来这个海域的海盗被清剿完了，岛上的猪也就被遗弃了。

这些被遗弃的猪却顽强地活了下来，随着时间的推移，猪的数量也在与日俱增，它们学会了很多的生存技能，会向游客讨要食物，陪伴游客游泳，喜欢沿着海岸冲浪，也会热情地欢迎游客，它们成了这座小岛的主人，过着快乐而惬意的生活。

从此，这座被猪占领的岛被称为"猪岛"。这些幸福的猪或在水中嬉戏，或一起在沙滩上午睡，享受日光浴，日子过得逍遥自在。

[猪岛上向游客乞食的猪]

度蜜月的最理想选择

海螺贝壳屋

这是一座用海螺贝壳建造的白色小屋，每个路过的人都会不由自主地被吸引，并在屋前驻足，把自己幻想成王子、公主、美人鱼……

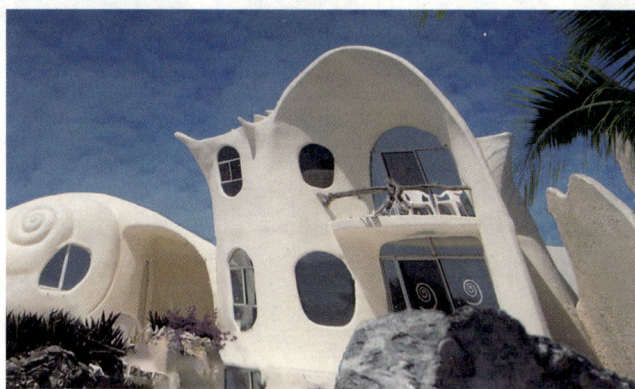

[海螺贝壳屋 1]

海螺贝壳屋坐落于墨西哥金塔纳罗奥州的穆赫雷斯岛（女人岛），是一座极其梦幻的建筑，也是岛上最大的看点和最受欢迎的地方，还是新婚夫妇度蜜月时最理想的选择。

贝壳屋

穆赫雷斯岛（女人岛）是一座坐落在加勒比海中的岛屿，这里不仅有热闹的海滩、多彩的房子和宁静的小巷，还有众多度假酒店，但是岛上最有特色、无人不知的是海螺贝壳屋。

海螺贝壳屋连续 5 年拿到全球领先旅行平台"猫途鹰"的最佳住宿认证，就连知名民宿"爱彼迎"全球官网都常常在首页推荐它。

[海螺贝壳屋 2]

[女人岛美景]

关于海螺贝壳屋，岛上的原住民会神秘兮兮地介绍：这是世界上最大的"贝壳"，岛上的人把螺肉吃掉后，再把贝壳卖给了住在这里的外国人，建造了这座海螺贝壳屋。

尽显海洋的浪漫

海螺贝壳屋由一大一小两个白色、奇特的贝壳造型的屋子组成，外墙用当地大大小小的石头、混凝土以及贝壳等砌成。

海螺贝壳屋内部的装饰同样充满海洋气息，利用了许多海洋元素，如海螺、贝壳、珊瑚、晒干的海藻类植物的装饰插画、海螺形的旋梯、嵌满贝壳珊瑚的镜子、贝壳形的水龙头、肥皂盒、灯罩等，尽显海洋的浪漫。

[海螺贝壳屋院中的游泳池]

海螺贝壳屋院落中间有一个心形的露天游泳池和水力按摩池，屋子外面正对着蓝色的加勒比海，可以在游泳池内畅游，并享受水力按摩的乐趣。

弟弟建造了这座浪漫的小屋

有人说海螺贝壳屋是由墨西哥的知名画家、雕塑家和表演艺术家奥克塔维亚·奥坎波设计和建造的。事实上，这座奇特的海螺贝壳屋是他的弟弟爱德华多建造的。爱德华多刚来到岛上时只是为了度假，但是很快被岛上的风景吸引，便在岛上买了座房子住了下来。后来哥哥奥克塔维亚也被这里的美景吸引，成了弟弟家的常客，弟弟觉得家里的房子有点拥挤，所以就在海边建造了这座幽静、安逸的海螺贝壳屋，最初的目的只是供一家人享受生活、放松心情，以便哥哥在雅致的小屋中创造出更多、更好的艺术作品。后来，海螺贝壳屋因其独特的外形而闻名遐迩，世界各地的游客慕名而来观赏，他们就搬出了小屋，这里成了游客们、特别是新婚夫妇度蜜月的天堂。

[奥克塔维亚·奥坎波的画]
奥克塔维亚·奥坎波创作的奇妙画中画，远观近看各不同！

[海螺贝壳屋 3]

女人岛

穆赫雷斯是西班牙语中的女神的意思，因最初到达这里的西班牙人在岛上发现女神像而得名。该岛本是主宰月亮、生育、医学、幸福的玛雅月亮女神伊克舍尔和她的女祭司的庇护场所，所以岛上有许多各种姿势和神态的女神雕像。

另外还有个传说：在西班牙殖民早期，有一位西班牙船长因千方百计都无法得到当地一位女子的芳心而气死在岛上，此后，当地人为了颂扬这位女子的坚贞而将该岛称为"女人岛"。

让人想象不到的美

布拉格堡玻璃海滩

很难相信如此美丽的海滩居然是由废弃的玻璃碎片经过若干年的海浪打磨而成的，它是自然界赐予人类的璀璨之地，在阳光的照耀下，"玻璃海滩"更是炫彩夺目。

[布拉格堡海岸线上大大小小的礁石]

[布拉格堡海岸线上的怪石]

玻璃海滩位于美国加利福尼亚州布拉格堡的海岸上，从布拉格堡小城中心路可直接进入通往海岸的小街，小街的尽头就是长长的布拉格堡海岸。

美不胜收

布拉格堡的海岸外是一望无际的太平洋，岸边布满了大大小小的礁石，在礁石的间隙中有一个远远看去并不起眼的海滩，这便是玻璃海滩。

当走上海滩，层层海浪扑打在礁石和海滩上，溅起白色的浪花，在浪花的冲刷下，海滩上会出现五颜六色的光芒：银色、绿色、蓝色、橙色，偶尔还有红色，这是海滩上的玻璃颗粒在阳光下反射出的亮光，简直美不胜收。

[没有棱角的玻璃颗粒1]

被丢弃的玻璃碎片

玻璃海滩上的玻璃颗粒虽然和沙子是同样的物质构成——二氧化硅，但是它们却非天然形成，而是由数不清、被丢弃的玻璃碎片经日积月累的海水冲刷后形成的。

1950—1967 年，布拉格堡及周边的居民没有环保意识，把这个海滩当作垃圾场，将啤酒瓶、玻璃瓶的碎片和各种废旧的电器，甚至报废的汽车随意地丢弃在海滩上，后来人们意识到环境保护的重要性，于是开始整治各种垃圾，将大量的垃圾清理出海滩，但是由于玻璃碎片太多，而且都已经破碎，根本无法清理，就被留在了海滩上。

[没有棱角的玻璃颗粒2]

当地政府为了保护该海滩，不允许游客带走海滩上美丽的玻璃颗粒。

[俄罗斯乌苏里湾玻璃海滩]

无独有偶，在俄罗斯的乌苏里湾也有处著名的玻璃海滩，它也是由玻璃垃圾形成的海滩。这些玻璃垃圾来自苏联时期的玻璃工厂倾倒在海边的玻璃瓶废料以及当地人的生活垃圾，如伏特加酒瓶、啤酒瓶等，随着时间的推移，大自然把这些瓶子碎片慢慢打磨成了"玻璃鹅卵石"。

这些无法被清理的玻璃碎片，被太平洋的海水冲刷成了圆形、椭圆形等不规则、没有棱角的颗粒，成了海滩上耀眼的沙粒，如同一个宝石王国，让人眼花缭乱。

目前，玻璃海滩成为一个热门旅游景点，每到旅游时节，就有大批的游客来到这里，一睹玻璃海滩的别样风光。

世界上最高的潮汐所在地

芬迪湾 ··· >

在这里可感受到世界上规模最大、最高的潮汐的魅力，领略独特的红褐色砂石岩柱群在潮涨、潮落之间的震撼与磅礴之美，欣赏退潮后的海床如同油画般的唯美景致。

芬迪湾大潮是潮汐共振的结果，当大浪从海湾的入海口到远岸再回到入海口，所需的时间与涨潮和退潮之间的时间相同或几乎相同，就会发生潮汐共振，从而放大了潮汐，在一些特殊时期，芬迪湾大潮能超过 20 米。

芬迪湾潮差如此大的原因有两个：一是由于这是一个狭长的海湾，强劲的波浪一路传到漏斗形的海湾内部，加上海水产生的共振效应，潮水被推向最高点；二是每次涨潮时，都有多达 1000 亿吨的海水冲进芬迪湾，这已经超过了全世界所有淡水河水量的总和，一路往前冲的潮水将海水推高。

芬迪湾位于大西洋沿岸，在加拿大东南部的新斯科舍省和新不伦瑞克省以及美国缅因州之间。它以迅速涨落的潮汐而闻名于世，拥有世界第一潮汐差，被誉为"全球海洋奇观"之一。

芬迪湾原本是陆地峡谷

芬迪湾原本是陆地峡谷，冰河时期结束后才逐渐形成海湾，湾口宽 92 千米，从湾口向东北延伸 241 千米，沿岸经冰雪、风雨侵蚀和潮汐日夜冲刷，展现多种多样的缤纷

[涨潮时的好望角石林]

风貌，形成无数小海湾和几个深水港湾，平均深度 90 米，其中有名的海湾有奇内克托湾和明纳斯湾。芬迪湾内有较大的港口城市圣约翰、圣安德鲁斯、迪格比和汉茨波特等。

好望角石林

好望角石林位于奇内克托湾内，是由芬迪湾潮汐冲击而形成的一片岩石柱群，有花瓶岩、象鼻岩、熊状岩等，巨大的红褐色砂石岩柱伫立在海边，仿佛是因被上帝惩罚而变成石头的巨人。

好望角石林前面是波涛汹涌的大西洋，后面是树木参天的原始森林，这里是世界上少有的森林与海洋完美结合的地方，整个石林会随着潮涨、潮落而出现或消失，特别是涨潮之时，这些奇特的岩石会被淹没，只留下红

[花瓶岩]

退潮后的花瓶岩像一个伸出地表的脖子上顶着大大的脑袋。

[象鼻岩]

好望角石林的岩石多为上粗下窄的花瓶形状，有的底部还被海水侵蚀成一个个洞穴，人们可以在其中钻来钻去。

[好望角石林]

"Hopewell Rocks"有个意译的中文名字，叫作好望角石，听起来很不错，不过却丢了英文中的复数词尾，称为好望角石林或许更贴切些。好望角石林指的是这一带海滨山崖旁形状各异的礁石总称，包括最有特色的花瓶岩，以及附近的两处景点：大海湾和钻石岩。

[退潮后的愤怒角]

[逆流瀑布提示牌]

色岩石兀立在湛蓝海洋中，令人叹为观止，更显芬迪湾的壮美。

愤怒角观潮点

愤怒角距离好望角石林不远，和好望角石林一样，也是观看芬迪湾大潮的好地方，这里的礁石虽然没有好望角石林的那么唯美，但是数量众多，使整个海域变得格外凶险，尤其是涨潮时，海潮会异常凶猛，因而得名愤怒角。

愤怒角的最佳观潮点是岸边悬崖上的灯塔处，该灯塔始建于1840年，在此守候了芬迪湾200多年，是愤怒角乃至芬迪湾的著名景点。

逆流瀑布

芬迪湾形状狭长，湾口大，像个长长的喇叭，便于潮波能量的汇聚，然后涌入内河，将河水推高，逆向倒流，形成芬迪湾不容错过的奇景。观看这种水流逆流而上的奇景的最佳地点是新

[愤怒角灯塔]
这是一座矗立在公园周边地区的灯塔，在此可以观看芬迪湾大潮和大西洋日落。

[逆流瀑布大桥]

[世界最高潮汐所在地告示牌]

> 早在 1604 年，奉命到芬迪湾探险的法国探险家萨缪尔·德·尚普兰抵达了圣约翰河河口，那天刚好是天主教中的圣约翰日，尚普兰就把这条河命名为圣约翰河，并在河口建立了最初的定居点。

不伦瑞克省的最大城市——圣约翰市的逆流瀑布大桥。

每次涨潮之时，超过全世界所有淡水河水量总和的海水会冲进芬迪湾，再冲进圣约翰河，使得海水逆流而上，而当退潮时，河水急速往下流，遇到水面以下的暗礁便形成漩涡，似水在倒流，这就是逆流瀑布奇观。

世界最高潮汐所在地

芬迪湾有众多的观潮点，其中潮汐最大的观潮点在本特寇特海德公园。

本特寇特海德公园位于新斯科舍省沃顿河口不远

> 芬迪湾是鲸的天堂，座头鲸、小须鲸、引航鲸和稀有的露脊鲸从加勒比海陆续洄游到此。

> 游客可以在愤怒角乘坐滑索飞越芬迪湾，享受别样的刺激。

> 在芬迪湾可以观测到十几种鲸、海豚和鸟（海鹦、信天翁和苍鹭等）。

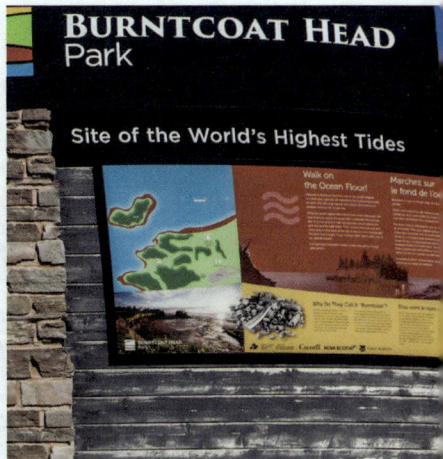

[乔金斯化石断崖]

乔金斯化石断崖位于芬迪湾入口处，占地 689 公顷，这个地区经过潮汐作用不断侵蚀，形成 23 米高的断崖。该断崖记录着 3 亿年前后石炭纪煤炭形成时期的地质史，是一处世界级古生物学遗址，而且科学家们经常会在这里发现新化石。

[退潮后的赤红海滩]

处，这是世界上最高的涨潮地，在公园的入口处有一块告示牌，上面写着"Site of the World's Highest Tides"（世界最高潮汐所在地）。这里的平均潮汐差 14.5 米，最大值达 16.3 米，特殊时期甚至能超过 20 米，场面壮观，堪称一绝，当之无愧冠绝全球。

退潮之后，露出弯弯曲曲的海床：海滩赤红，海水幽蓝，波光似白雪，镶嵌着点点赭黑色的礁石和片片蜡黄的海草，在海水冲刷形成的水坑中，还可以发现滞留的小型海洋生物，此时整个海床极像一幅举世无双、瞬息万变的天然油画。

芬迪湾的温暖阳光照射在绵延数千米的泥滩上，甲壳动物和软体动物遍布整个泥滩，在夏季时，白嘴潜鸟、金翅雀、游隼等会迁徙来此享受阳光海滩与美食。

世界遗产地和生物圈保护区

芬迪湾的潮汐扰动着海水，带动海底养分涌升，构成浮游生物最理想的生长条件，而浮游生物供养着珊瑚、海葵、海鞘、磷虾，使它们大量生长，又给鲸、鲨、海豚、海豹、龙虾提供了充足而营养丰富的食物来源。除此之外，退潮后海边泥滩还成了海鸟、海狸、麋鹿等的生存天堂，形成了芬迪湾富饶而缤纷的海洋生态系统，被联合国教科文组织列为世界自然遗产和生物圈保护区。

芬迪湾独一无二的世界最高的潮汐、海陆并存的生态系统以及悠久的人文景观，让它成为闻名遐迩的度假胜地。

童话中的海底小屋

朱尔斯海底小屋

这是一处与世隔绝的海底小屋，位于长满红树林的环礁湖中，完全没于海水深处，如同童话中才会出现的建筑。

[朱尔斯海底小屋]

设施齐全

朱尔斯海底小屋也叫基拉戈海底小屋，是海底酒店的鼻祖，坐落于美国佛罗里达州南部著名的潜水胜地基拉戈岛。海底小屋如同童话中的建筑一样，位于长满红树林的环礁湖里，它完全没于海水深处，距离水面约9米。其外形类似巡洋舰的船舱，内部拥有两间舒适的卧室、一间公用厨房、一间餐厅。虽不奢华，但设施齐全，有热水淋浴、带有冰箱及微波炉的厨房、电视、对讲机以及播放器等。

最让人咋舌的是，在朱尔斯海底小屋内还能叫外卖，只需一个电话，就会有穿着潜水服的外卖小哥将美食送到你的面前。

[朱尔斯海底小屋外景]

朱尔斯海底小屋的前身是一间海底生态研究室,后来该研究室搬迁,遗留的海底建筑就被改建为如今的海底旅馆。游客必须潜水9米,穿过热带鱼群后才能到达这座独一无二的海底旅馆。

即使是从来没有尝试过潜水的人也可以进入朱尔斯海底小屋,在专业潜水教练的陪同下通过3小时的潜水课程培训即可。朱尔斯海底小屋还提供潜水证书培训、潜水课程培训等项目。

需要潜水才能进入

基拉戈岛拥有美丽的海滩,可以冲浪、游泳、打沙滩排球、划皮划艇、坐游船游玩等。不过想要进入朱尔斯海底小屋并不容易,因为小屋入口在屋底部,屋内充满压缩空气,为防止周围的海水进入,需要戴上呼吸器才能进入。

因此,想要在这座独一无二的海底旅馆中住宿,必须会水肺潜水,沿垂直方向潜入水下9米,穿过热带鱼群后即可到达房间。进入小屋后,便可欣赏到玻璃窗外的天使鱼、鹦嘴鱼、梭鱼以及其他悠然游弋的珍稀海洋生物。

[朱尔斯海底小屋客房窗口]

[朱尔斯海底小屋客房]

非洲篇

隐秘而神秘的岛屿
管风琴岩岛

它是一座古老、神秘且风光绮丽的小岛，有戈壁般的壮美，虽然与巨人之路非常相似，但是却非常宁静，是一个让人看一眼就会深深迷上的地方。

[管风琴——4世纪时的壁画]

管风琴是风琴的一种，属于气鸣式键盘乐器，靠铜制或木制音管来发音。它是一种流传于欧洲的历史悠久的大型键盘乐器，距今已有2200余年的历史。

诺西贝群岛中隐藏着一座非常有特色的岛屿——管风琴岩岛，它是一座位于马达加斯加北岸70千米处的袖珍岛屿。

成百上千圆柱体火山岩

管风琴岩岛大约形成于1.25亿年前，即马达加斯加与非洲大陆分离之时。岛上有排列有序的管状玄武岩，形如巨大的管风琴，成百上千闪着铜光的圆柱体火山岩直刺天空，与北爱尔兰著名的巨人之路非常相似。这些圆柱体火山岩是火山爆发后迅速喷涌而出的岩浆沉积而形成的，单根最长达20米，树木则像标本一样镶嵌在其中。

[北爱尔兰著名的巨人之路]

美妙的管风琴岩岛

　　管风琴岩岛铜褐色的火山岩上布满垂直条纹，藏有 4000 万年前大量灭绝的鱼类形成的化石；在如同荒凉戈壁般的管风琴岩岛上，还顽强地生长着一些植物，甚至还有小树从岩缝中挤了出来，让每个发现它们的游客都为之惊叹；在管风琴岩岛海底深潜时，还能发现因从火山岩上剥落而沉积在海底的化石碎片。

　　根据 2008 年 1 月英国皇后学院的一份报告，由于全球变暖导致海平面上升，巨人之路这一世界自然遗产正在面临威胁。据预测，到 21 世纪末，海平面将上升 1 米，而更严重的是随之而来的海浪和风暴将更加猛烈地袭击巨人之路，报告预测在 2050—2080 年，巨人之路上的石块将变得更加陡峭，到 22 世纪初，人们将难以见到部分巨人之路上的独特景观。

[管风琴岩]

[管风琴岩岛]

[马达加斯加海雕]

动植物种类繁多

管风琴岩岛是一座长 12 千米、宽 3 千米的无人岛，岩石缝隙过滤出来的纯净雨水，滋养着岛上的植物和大量鸟类，包括褐鲣鸟、北方塘鹅、白尾鹲，以及全球最珍稀鸟类之一的军舰鸟和濒临灭绝、被誉为"天空之王"的马达加斯加海雕。附近的海湾中则有绿海龟和宽吻海豚等。

管风琴岩岛远不如巨人之路热闹，这里每年只有几百位游客造访，并且只能乘船抵达，也许正因为交通不便，才使这里一直保持着原始的自然景观。

[军舰鸟]

诺西贝群岛是军舰鸟的栖息繁殖地之一，这里最大的军舰鸟群可达 100 对。

神奇的归墟之地

毛里求斯海底瀑布

马克·吐温说过:"毛里求斯岛是天堂的原乡,因为天堂是依照毛里求斯而打造出来的。"于是毛里求斯被赋予了"天堂的原乡"的美名,而海底瀑布则是这个天堂中最美的点缀。

毛里求斯的面积为 2040 平方千米,是非洲东部的一个岛国,位于印度洋西南方,被称为"印度洋门户的一把钥匙"。在毛里求斯众多美景中,最震撼游客的当属海底瀑布。

毛里求斯岛属于毛里求斯共和国,是一座位于马达加斯加岛和塞舌尔西边的火山岛,岛上熔岩广布,多火山口,形成了千姿百态的地貌。

透明到极致的小岛

毛里求斯岛像一块碧绿色的翡翠,被周边一层浅绿色、如同水晶体的海水包围着,浩渺、蔚蓝的印度洋高达两三米的巨浪拍打在毛里求斯岛海岸,如同给整座毛里求斯岛绣上了一圈白色闪亮的花边。

毛里求斯岛周边的海水呈现绿色、橙红色、白色等自然色彩,混合起来又变成另一种充满神秘感的色调。

[毛里求斯岛美景]

[毛里求斯岛上的大片潟湖]

毛里求斯岛被珊瑚礁包围着，这里拥有多样化的生物，也是大量濒危珊瑚的栖息地，在岛屿的西南角是有名的莫纳山和一大片潟湖，著名的海底瀑布就在这个神秘的水世界之中。

海底瀑布

毛里求斯岛西南角莫纳山下的潟湖之中有一道非常神奇的海底瀑布，远观好像由大量银白色的"水"顺着海底悬崖边直冲而下，很快就没入了更深、更黑的海底深渊，如同《山海经》中描述的归墟之地，海水不断地被吞噬。海中为什么会出现瀑布奇景呢？

原来莫纳山下的沿岸珊瑚礁形成了一条很深的沟壑，这种突然的落差，最大处可达到 3500 米，因为受到光的折射影响，水折射出各种不同颜色，再加上海底的细沙和淤泥顺着洋流，源源不断地流向地势稍高的大陆架边缘，然后顺着大陆架边缘坠入数千米深的海底。登上莫纳山，从高处俯瞰，感觉上就像看到真的瀑布，让人觉得不可思议。

海底瀑布是毛里求斯的一张名片，完美地诠释了毛里求斯典型的非洲面孔——热烈奔放，骨子里却透露着法国的浪漫、英国的优雅和印度的妩媚。

[海底瀑布]

[莫纳山近景]

莫纳山的黎明

1598 年，荷兰殖民者来到这里，并以荷兰莫里斯王子的名字将其命名为"毛里求斯"，将岛西南角的荒山命名为悲伤山。1715 年，法国殖民者占领毛里求斯岛后，将其改名为"法兰西岛"，将悲伤山改名为莫纳山。

传说，19 世纪初，在毛里求斯奴隶制度被废弃前夕，有一群奴隶不堪剥削，逃亡到莫纳山避难。这群奴隶并不知道在他们逃亡的过程中奴隶制度被废除了，当他们看到一队士兵向莫纳山而来时，十分惊恐，退到悬崖边，由于害怕被抓，大量奴隶从悬崖上跳下身亡。

[灭绝的渡渡鸟]

毛里求斯曾是世界上唯一有渡渡鸟的地方，这是一种不会飞的鸟，但该鸟已于 17 世纪末绝种。毛里求斯茶隼和粉鸽也是世界上的珍稀动物。

[鸟瞰莫纳山]

非洲大陆海角

好望角

俗话说，到南非不到开普敦，等于没来过南非；到开普敦不到好望角，等于没来过开普敦。好望角作为一个传奇地，历史上曾是航海家们最想征服的一个岬角，也是水手们口中的"鬼门关"。

好望角及其邻近海域一直是印度洋与大西洋互通的航道要冲。

好望角终年西风劲吹，风暴频繁。夏季时西风咆哮而过，冬季更是寒风凛冽，常年的西风把海水也驯服得环绕地球由西向东奔涌，形成了著名的"西风漂流"。

好望角的意思是"美好希望的海角"，距南非开普敦市中心约 50 千米，是非洲西南端一个著名的岬角。

世界上最危险的航海地段

好望角地处来自印度洋的温暖洋流和来自南极洲水域的寒冷洋流的汇合处，受温差很大的两股冷暖洋流夹击，因此这里风暴强劲，常年惊涛骇浪不断，此外常常有"杀人浪"出现，整个海面如同"开锅"了似的翻滚，航行到这里的船舶往往遭难，因此，这里最早被称作"风暴角"，是世界上最危险的航海地段，水手们则把好望角的航线比作"鬼门关"。

关于好望角名字的由来

关于好望角名字的由来有两种说法，故事均发生在

[好望角美景]

[迪亚士]

[若奥二世]

若奥二世堪称葡萄牙历史上最伟大的国王之一，是大航海时代的先驱，在位期间，他大力支持开辟通向印度的新航路。

15世纪：一是探险家迪亚士奉葡萄牙国王若奥二世的命令，绕过非洲大陆最南端，寻找一条通往马可·波罗描述的东方"黄金乐土"的海上通道，迪亚士在探险途中发现了好望角，却因风暴而未能绕过去，回国后，若奥二世认为绕过这个海角就有希望到达梦寐以求的印度，因此将"风暴角"改名为"好望角"；二是葡萄牙探险家达·伽马在迪亚士的航海经验基础上，绕过了风暴角到达印度，满载黄金、丝绸而归后，葡萄牙国王曼努埃尔一世将"风暴角"易名为"好望角"，以示绕过此海角就会带来好运。不过，1500年，迪亚士再次航行到好望角时，却遇巨浪而葬身于此，或许"风暴角"才是最合适的名字。

[好望角新灯塔]

好望角老灯塔停止使用后，在老灯塔前端山腰间又修建了一座小灯塔，站在通往观景台的阶梯上才能发现它的存在。

[观景台上的古老灯塔]

[好望角山顶观景台指示牌]

[狒狒]

山顶风大得惊人

好望角是非洲的一个标志，也是一个细长的岩石岬角，像一把利剑直插入海底，在狂风的吹打和汹涌澎湃的海浪数千年的撞击下显得乱石嶙峋。从岬角向内陆走，不远的地方有一座不高的山，可选择乘坐缆车或者步行20分钟左右登上山顶的观景台。这里的景色极美，茂盛的绿树延伸向山头，大西洋翠绿色的海水沿着礁石被拍打成白色的浪花。

观景台上有一座建于1849年的古老灯塔，好望角经常有雾，而这座建立在山顶的灯塔并不能很好地发挥作用，因此于1919年被废弃，成为观景台风景的一部分。

站在观景台上，明显感受到这里的风大得惊人，甚至连人都站不稳，难怪当年迪亚士坚称这里为"风暴角"，并至死都对这里心有余悸。

与野生动物不期而遇

好望角的野生动物并非只在保护区内，而是遍地都是，而且没有大型猛兽。在好望角的沙滩上散步时，常与野生鸵鸟、狒狒、长尾巴的猫鼬等不期而遇。好望角的动物一点儿也不怕人，尤其是狒狒，它和国内景区内的猕猴一样可恶，会野蛮地抢夺游客的背包和食品等。

标志好望角经纬度的木制地标牌是游客的必到之处。

[厄加勒斯角石碑]

厄加勒斯角石碑上刻着"你现在来到非洲大陆的最南端——厄加勒斯角"，下面注明地理位置——南纬34°49′42″，东经20°0′33″。石基的左边写着印度洋，右边写着大西洋。好望角常被认为是非洲大陆的最南端，其实其东南偏东方向约150千米、隔厄尔斯湾而望的厄加勒斯角才是实至名归的非洲最南端。

和鲸一同嬉戏

赫曼努斯

赫曼努斯是一个因鲸而发展起来的小镇，一切都围绕着鲸文化，观鲸是小镇最知名的活动，在这里可以近距离观赏海中的各种鲸，它们浩浩荡荡，让人震撼无比。

[赫曼努斯海岸美景]
即便是不观鲸，这里的景色也很美。

赫曼努斯地处大西洋和印度洋交汇处，是南非西开普省南海岸的一个小镇，离真正的非洲大陆最南端厄加勒斯角很近。这里风景优美，干净整洁，房舍色彩鲜艳，令人赏心悦目。从漫步旅行到品尝美酒，从欣赏海景到享受美食（尤其是鲍鱼和龙虾），一切在南非与旅行有关的事情几乎都可以在这里实现，每年吸引成千上万的游客前来，特别是在每年的"鲸鱼节"期间，游客们更是慕名聚集到小镇。

[蹄兔]
蹄兔是一种陆栖或树栖的小型兽类，因有蹄状趾甲而得名。喜嚎叫，又名啼兔。
在赫曼努斯海边的步道上行走时，经常会看到悠闲的蹄兔在步道边的岩石或草木丛中出没。

最适合观赏南露脊鲸的地方

赫曼努斯海域的生物资源丰富，海中有很

[水中的南露脊鲸]

[跃出海面的南露脊鲸]

南露脊鲸体型庞大，脾气却很温顺，它们以海洋中的浮游生物为食，从不互相残杀，更不像鲨鱼和虎鲸那样残暴。

南露脊鲸每年5—11月都会离开漫天冰雪的猎食地南极洲，迁徙至气候温暖的地区交配并繁殖。

[海岸边的雕塑]

多顶级猎食者，如鲨鱼、海豚、虎鲸、座头鲸以及进食大量浮游生物的须鲸，它们会来此捕食、游玩等。其中最有名的要数须鲸家族中的南露脊鲸，每年5—11月，有数千头重60吨左右的南露脊鲸，离开冰天雪地的南极，来到温暖的南非，并在离赫曼努斯海岸线仅数米且安全的海湾交配并繁殖。这里是全球唯一能听到鲸声的小镇和最适合欣赏南露脊鲸的地方，被称为"世界最佳陆地观鲸地"。

观鲸配套设施完善

赫曼努斯因观鲸活动而发展起来，小镇中有众多酒店和各种商店，还有专门卖鲸纪念品的商店。在小镇海岸线上有专门的步道，步道边有当地艺术家创作的艺术作品和各种雕塑，步道上有各种观鲸的设施和设备，如长椅、望远镜、遮阳伞等。

赫曼努斯设有专职"报鲸人"，这是世界上唯一的"报鲸人"，当他发现有鲸在海湾出没时，就会吹响海草制成的独特号角，实时提醒观鲸爱好者前往观鲸点，观看海洋中最大的哺乳动物。

游客除了可以在指定的观鲸点观鲸外，还可以乘船近距离观鲸，不过需要保持安静，否则会吓跑它们。

令世界倾倒的"地狱之门"

骷髅海岸

它的一侧是干枯、满地白骨的沙漠，另一侧是巨浪滔天、暗礁林立的海洋。这里凶险异常，常有船只在此失事，许多人在此神秘地消失或死亡。这里的恐怖丝毫不亚于百慕大三角，被人们称为"地狱海岸"。

[一侧是沙漠，一侧是大海]

[沙漠中的蜥蜴]

在非洲纳米比亚的纳米布沙漠和大西洋冷水域之间，有一片白色的沙漠，它的一边是一望无垠的沙漠，另一边则是碧蓝色的大海。这个长达 500 千米的海岸被称为"骷髅海岸"，又称为"地狱海岸"。

最干旱的沙漠之一

骷髅海岸虽然紧靠大海，四周有河流穿过，但它却是世界上为数不多的最干旱的沙漠之一，每日备受烈日的炙烤，因此，在这里看不到碧空如洗，感受不到海风轻拂，只有漫天的黄沙和满地的白骨，当地人认为，这是因为"土地之神大怒"的结果。

1859 年，瑞典生物学家安迪生来到这里，感到一阵恐惧感向他袭来，使他不寒而栗，他大喊："我宁愿死也不要流落到这样的地方。"

1933 年，一位瑞士飞行员诺尔从开普敦飞往伦敦时，飞机失事，坠落在这个海岸附近。有位记者指出诺尔的骸骨终会在海岸找到，"骷髅海岸"从此得名。

[骷髅海岸国家公园大门]

[骷髅海岸上的羚羊白骨]

[骷髅海岸沙漠中废弃的房屋]

美得让人不寒而栗

骷髅海岸有一望无垠的金色沙滩，充满了神秘的气息，壮观的沙滩和海岸边碧蓝的海水互相映衬，形成了一道独特的风景。在广袤的沙滩周围，许多河流途经沙漠，还未进入大海就已经干涸，干透了的河床就像沙漠中的车辙，一直延伸到看不见的地方，只有当内陆有大暴雨时，河床才会被巧克力色的雨水填满，变成滔滔急流，并出现"狭长的绿洲"，这时，骷髅海岸才会从荒凉中透出一丝丝美丽，却又美得让人不寒而栗。

世界上最危险的海岸

骷髅海岸是世界上最危险的海岸，海岸沙丘不远处的岩石，由于风化作用，被刻蚀成奇形怪状，犹如从地狱中钻出来的妖怪。海面下隐藏着参差不齐的暗礁，海浪汹涌澎湃，这里还时常会刮起飓风，让人毛骨悚然，来往这里的船只经常失事，部分幸运的船员即便跌跌撞撞爬上了岸，最后还是被风沙折磨致死。据称这里的许多骷髅就是船员的遗骨。

我正向北走

1943年，12具无头骸骨在骷髅海岸被发现，在骸骨的附近还有一块石板，上面写着："我正向北走，前往60英里（约96.6千米）外的一条河边。如有人看到这段话，照我说的方向走，神会帮助他。"至今也没有人知道这段话是谁写的，更没有人知道这些遇难者是谁，也没有人知道他们为什么遇难。

[骷髅海岸失事船]

海上的飓风不时刮到骷髅海岸上，当地人称这种风为"苏乌帕瓦"，"苏乌帕瓦"所到之处，沙丘表面会向下塌陷，沙粒在风的推动下，摩擦声像是人在猛烈地咆哮，仿佛是对遭遇海难后的海员以及那些迷路的冒险家所唱的灵魂挽歌。

[沙滩上的海豹]

纳米比亚的海豹与世界上其他地方的海豹不同，属于长毛类海豹，也称为有耳类海豹。这里的海豹身上长有两层毛，表层毛长而粗疏，里层毛短而细密。

和海豚做恋人

海豚湾 ∴∴∴

海豚是人类最喜欢的海洋生物之一，也是世界上最聪明的动物之一，对人类非常友善，是海洋中最像人类的精灵。通常，人们只能在海洋馆或动物园中才能近距离接触到它们，然而在这里，人们不仅可以和它们一起在海面上追逐打闹，还可以触碰和抚摸它们。

毛里求斯岛被珊瑚礁环绕，它是大自然赋予的天然屏障，把鲨鱼等凶猛的海洋动物挡在近海之外，同时也把暗藏危机的深海隔开。

如果要寻找毛里求斯最美丽的地方，那一定非海豚湾莫属，这里是层层叠叠的珊瑚礁上的一处缝隙，因为缺少珊瑚礁的阻隔，海豚湾的海浪可以拍出五六米高的浪花。

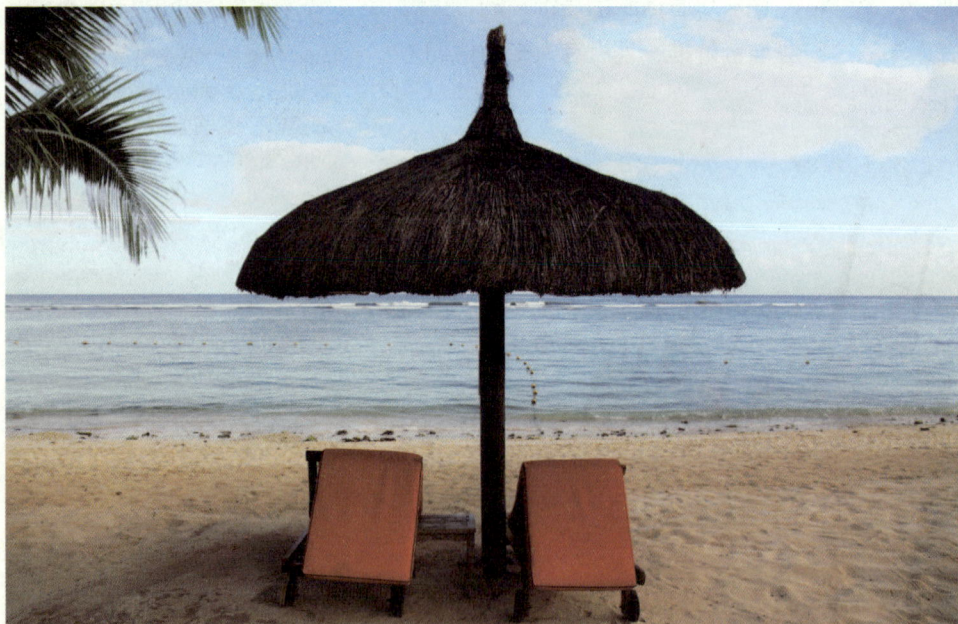

[海豚湾]

海豚湾是世界上近距离接触宽吻海豚的绝佳之处。

毛里求斯发现海豚已有十几年的历史，海豚最常出没在3个海湾：绢毛猴湾、黑里维埃尔湾和南部的黎明海湾，其中绢毛猴湾就是人们常说的海豚湾，它是毛里求斯最著名的海豚出没点，遇见海豚的概率最高，数量也最多。

塔马兰

海豚湾位于毛里求斯西岸的塔马兰小镇，这里高山环绕，景色十分优美，有金黄色的海滩、深绿色的大海、温暖的阳光，充满了热带地区的魅力。有人说，到毛里求斯，一定要去塔马兰出一次海，而去塔马兰出海，最大的乐趣就是看海豚。

[海豚湾跃出海面的海豚]

与海豚嬉戏

每天上午 9 点半到 10 点左右，乘坐快艇来到海豚湾，就能邂逅大量的野生海豚。它们在海面上起起伏伏，有些在晒太阳，有些在寻觅食物，有些在嬉戏跳跃，那场面绝对是在海洋馆或动物园中无法看到的，很是壮观。此时可以坐在快艇上乘风破浪，跟随着海豚的去向，追寻着海豚的身影，在美丽的大海上飞速航行，享受与海豚竞逐的乐趣。除此之外，还可以直接跳下海去，与海豚一起"共浴"在大海的怀抱之中，享受与它们共舞的乐趣。

海豚湾的海豚大致分为两种：一种是小型的宽吻海豚，它们的游速很快，据说可达每小时 5 ~ 11 千米，最快可达到每小时 35 千米。它们常常集体活动，数量较多；还有一种大型的宽吻海豚，身体接近黑色，只有三五只一起活动。

可以乘快艇或双体帆船追海豚，快艇速度快，比较灵活，看到海豚后可以直接跳进海中与它们共舞。双体帆船体积大，船上有吃有喝，类似一个 Party。

[薄雾的清晨]

看热带的企鹅王国

南非企鹅滩 ⋯⋯

在大多数人的印象中，企鹅生活在南极，因此，要想近距离观察企鹅，除了动物园外，就必须花上高昂的费用，冒着极大的危险，去往冰川雪地的南极。然而事实并非如此。

[开普企鹅]

[通往企鹅滩的栈道]

[开普企鹅]

开普企鹅又叫非洲企鹅、南非斑点环企鹅、黑足企鹅。其叫声短促，类似驴叫，所以又称"叫驴企鹅"，是一种较为珍贵的企鹅品种。它们是实行一夫一妻制的表率，一旦认准彼此，企鹅夫妻就会夫唱妇随，形影不离，终生厮守。

1814 年，英国占领了开普半岛，并在西蒙斯敦建立了海军舰队基地。1957 年，南非海军接管了这里，现在这里是南非和英国共同使用的军港。

世界上共有 17 种企鹅，它们大部分生活在冰天雪地的南极，但有一种企鹅却生活在热带地区。

开普企鹅

在地处热带的非洲有一个小镇，专门为当地的企鹅开辟了一片海滩作为保护区，保护区内生活着数千只企鹅，它就是位于南非开普敦的西蒙斯敦镇，那片海滩叫作企鹅滩。

西蒙斯敦镇背山面海，建于 1687 年，已有 300 多年的历史，是最古老的开普殖民地之一，也是从开普敦前往好望角的必经之路，曾经是南非的海军基地，如今因企鹅而知名，这些企鹅由于生长在开普敦，因此也被命名为开普企鹅。

由两对掉队的企鹅繁衍而来

据说 1982 年，有两对企鹅因为迁徙路上掉队了，便滞留在了这个小镇。当地渔民发现它们后便自发地保护了起来，经过几十年的繁衍，当初的两对企鹅已经发展到了超

过 3000 只，如果不是亲眼看到，很难让人相信在热带的大海边，可以近在咫尺地观看到憨态可掬的企鹅。

一夜之间变成了可怕的邻居

开普企鹅一直都备受当地人的喜爱，但随着企鹅数量的增多，问题也随之出现，因为一直被保护，所以这些企鹅会肆无忌惮地闯进居民家中偷吃、捣乱，甚至随意在居民家中的地毯上大、小便，还有的企鹅更是直接闯到马路上觅食，严重阻碍了当地的交通，因此，对当地人来说，

[无处不在的开普企鹅]
成群的开普企鹅聚集在沙滩上，有的在孵蛋，有的在照顾小企鹅，有的在涉水，有的在游泳。

[开普企鹅]

这些曾经的客人一夜之间变成了可怕的邻居。

　　为了在保护这些企鹅的同时不影响当地人的正常生活，当地政府建立了一片封闭的海滩保护区，即企鹅滩，游客们可以通过一条用木板搭建的栈道，深入企鹅们栖息的海滩，近距离观赏它们。

[企鹅滩的介绍]

欧洲篇

太阳神巨像

罗德岛 :⟩⟩ •

这里是古代世界七大奇迹之一的太阳神巨像所在地，然而，被地震震倒的太阳神巨像在原址躺了近千年后竟然下落不明，成为不解之谜。

[古画中的罗德港]

古代世界七大奇迹是指古代西方人眼中的七处宏伟的人造景观，它们是：埃及胡夫金字塔、巴比伦空中花园、阿尔忒弥斯神庙、奥林匹亚宙斯神像、摩索拉斯陵墓、罗德岛太阳神巨像和亚历山大灯塔。

罗德岛是爱琴海地区文明的起源地之一，有相当古老的传说，据说这座岛就是以希腊神话中"罗德女神"的名字命名的。

罗德岛地处爱琴海东南部，位于爱琴海和地中海的交界处，是希腊第四大岛，也是希腊最大的旅游中心，太阳神巨像位于罗德岛上的罗德港。

赶跑了侵略者

历史上，罗德岛被许多势力统治过，其中包括摩索拉斯（他的陵墓也是古代世界七大奇迹之一）和亚历山大大帝。在亚历山大大帝之后，该岛又陷入了长时间的战争中。

[太阳神巨像——猜想图]

据专家推算，太阳神巨像是中空的，里面用复杂的石头和铁的支柱加固，外包青铜壳。

公元前 305 年，亚历山大帝国解体后，对罗德岛垂涎已久的马其顿国王安提柯一世企图占领这里，派儿子德米特里率领 4 万军队（这已超过了整座岛上的人口）包围了罗德岛港口（围攻罗德岛）。罗德岛人经过艰苦的战争，赶跑了侵略者。

用遗弃的兵器打造了太阳神巨像

为了庆祝这次胜利，罗德岛人收集了马其顿士兵撤退时遗弃的青铜兵器，请来雕塑家哈里塔斯，将这些兵

[攻城塔]

据说马其顿的德米特里有当时最先进的攻城武器：攻城槌，其总长 55 米，需用 1000 名人员来操作；攻城塔被命名为破城者，是一座高 38 米、共 9 层的巨型攻城武器，还可用轮子推动。因为这些攻城武器前所未见，且相当惊人，使德米特里获得"征服城市者"的称号。但是，马其顿王国却在公元前 305 年围攻罗德岛战役中失败。

罗德岛的传说

关于罗德岛的由来有很多说法，不过都和太阳神有关系。相传有一次宙斯宴请各路神明，唯独忘记了给太阳神赫利俄斯准备礼物，为了补偿，宙斯许诺将下一个爱琴海中诞生的大陆赠予太阳神。后来，当爱琴海中出现了新的岛屿时，太阳神便以妻子罗德的名字，给小岛起名罗德岛。

另一说法：传说罗德岛是太阳神赫利俄斯和女神罗德结合的产物。

[仅剩的两座鹿雕像]

在罗德岛，鹿是吉祥图案，其岛徽就是一头跳跃的鹿。

罗德岛上除了太阳神巨像遗址外，还有罗德岛古城、罗德岛卫城、骑士宫殿、恩博纳斯、土泉等著名景点。

罗德岛的饮食离不开橄榄油、蜂蜜和奶酪，当地的蔬菜沙拉和海鲜也值得一试。

器熔化后，历时 12 年之久、耗费了 450 吨青铜，修建了一座高约 33 米的太阳神巨像，该巨像头戴太阳光芒的冠冕，左手执神鞭，右手高举火炬，两脚站在港口的石座上，过往的船只能从其胯间穿过，从船上仰望其宏伟的雄姿。它便是古代世界七大奇迹之一的罗德岛太阳神巨像。

巨像消失

公元前 226 年，太阳神巨像在建成仅仅 50 多年后，被一场大地震毁坏了，从此巨像倒在港口附近的岸边，在原址上躺了近千年，后来下落不明。有人说公元 654 年阿拉伯人占领罗德岛后，把它熔成碎片，卖给了一个犹太商人，他们动用了近 1000 匹骆驼才将它运完；也有人说它在被船运往意大利途中遭遇风浪，从此沉入海底。巨像遗迹究竟在哪里，成了历史之谜。

经过 2000 多年的兴衰更替后，如今仅剩下巨像脚边石柱上的两头鹿依旧眺望着港外，成为罗德岛的知名景点之一。

末日狂暴之美

维克黑沙滩 ····▶

维克黑沙滩黑得纯粹且一尘不染，仿佛是神的怒火燃烧后的遗迹，这个黑色的神秘之地透着几分恐怖，是许多外星球题材影片的外景拍摄地。

维克黑沙滩位于冰岛维克镇的西南方，距离雷克雅未克东南约 187 千米。

"全球十大最美沙滩"之一

维克镇是一个只有 600 多人的安宁和睦的小镇，小到掰掰手指都能数清楚小镇里的几条街道，镇上除了山坡上的红顶教堂之外，没有其他的风景，其后方是一望无际的大海，大名鼎鼎的黑沙滩就在那里。黑沙滩真的很黑，黑得深邃、通透，有种一尘不染的神秘感。这是

[维克镇全景]
站在红顶教堂所在的山坡上，可以使红顶教堂和维克镇以及黑沙滩边的海中礁石同框出现。

"维克"在冰岛语中是海湾的意思，冰岛有许多地方叫作"维克"，如雷克雅未克（维克）、凯夫拉维克、格林达维克、达尔维克等。

[黑沙滩]
夜色下的黑沙滩更显神秘和恐怖。

[雷尼德兰格海蚀柱]

这个黑色玄武岩柱群如同中国的笔架山一样，相传它们本是巨怪，被阳光照耀后凝固成巨石。

维克镇，乃至冰岛最受欢迎的景点之一，也是"世界十大最美沙滩"之一。

源于海底火山爆发

黑沙滩的形成源于远古时期的一次海底火山爆发，熔岩与海底的泥层被掀出地面，高温岩浆遇海水后迅速冷却，经海风和海浪千万年的侵蚀后形成玄武岩颗粒，这些黑沙颗粒没有杂质，也没有淤泥尘土，捧起一把，满手乌黑，轻轻一抖，黑沙四散，手上却纤尘不染。

外星球题材影片的取景点

黑沙滩是一片纯黑色的沙地，当狂风卷着暴雨排山倒海般扑向沙滩时，天地之间只剩一片黑白苍茫，仿佛世界末日，既神秘又诱人，让每个看风景的人都觉得恐怖，因此，这里是很多外星球题材影片的外景拍摄地，如《星际穿越》。

在美丽的黑沙滩背后暗藏凶机，每年的旅游旺季总会有游客被海浪卷走，消失在一望无际的北大西洋中，因此，当地政府在沙滩旁边竖有警示牌，提醒游客千万不要靠近沙滩，以防不测。

[黑沙滩上的石墙]

黑沙滩上最神奇的风景是一座玄武岩石墙，形如人为刻凿和拼接的大块棱柱形岩石，排列成风琴状耸立着。

[红顶教堂]

红顶教堂是维克镇的地标式建筑。

冒险者的天堂

布道石

布道石突兀地直立在吕瑟峡湾深处的崇山峻岭中，非常壮观，让人不由自主地感叹大自然的鬼斧神工。

布道石又称普雷克斯多伦，地处挪威南部，靠近斯塔万格市的吕瑟峡湾中部，是一块因冰川运动而形成的巨岩，直插入吕瑟峡湾的悬崖断壁中，因为其顶部有一个面积达 625 平方米的方形平台，形状类似教堂牧师的讲台，故而得名。

布道石非常壮观，令人震撼，它与下方蜿蜒的吕瑟峡湾的垂直高度达 604 米，而且这里的气候变化无常，暴风总是不期而遇，可见要想站到布道石上看风景，需要有足够大的

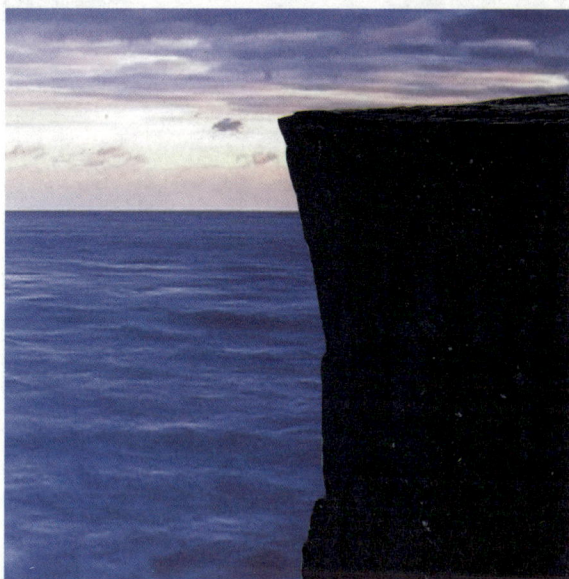

[直插入吕瑟峡湾的布道石]

布道石是挪威峡湾旅游的标志性景点，它曾被美国有线电视新闻网（CNN）等评为"全球 50 处最壮丽的自然景观之首"。

[通往布道石的红色"T"字标记]

通往布道石的登山径全长 3.8 千米，从起点开始有大约 330 米的上坡路，沿途都有红色"T"字标记。

斯塔万格是挪威第四大城市，人口近 11 万人，为挪威古城之一。其始建于 8 世纪，1810 年一个法国人在斯塔万格建立了第一个沙丁鱼罐头加工厂后，城市发展迅猛，后来成为欧洲最大的沙丁鱼罐头加工基地。

雨果曾于 1866 年来到此处游览，并留下优美的诗篇。

[布道石指示牌]

布道石被认为是史前时代古挪威人祭祀的场所。

[布道石又称"悔过崖"]

布道石也被人们称为"悔过崖"。不管是为"刺激"而来，还是为"悔过"而坐，站在悬崖平台顶端，蓝天、碧水、青山汇于一体，游客可以尽情品味吕瑟峡湾的雄奇与壮美。

[布道石登山道路]

乘船或者坐车只能到达布道石山脚下，要想到达布道石顶上的平台，最少需要 3～4 小时，途中设有餐厅、商店和厕所，所以登山前需要提前做好准备，否则很容易半途而废。

胆量，有些恐高的游客都不敢站起来，只能坐着甚至趴着往前蠕动，一点点地靠近岩石的边缘。不管是谁，真正站到这座高耸的悬崖上时，都会不由自主地感叹人在大自然面前是何等的渺小和弱不禁风。

有些风景注定只属于少数不惧艰难、喜欢冒险的人，布道石就是这样的地方，它是冒险者的天堂，站在这块垂直升起的方形巨岩上，让人有一种无法言喻的感觉。

[电影《碟中谍6》中汤姆·克鲁斯徒手爬的悬崖]

电影《碟中谍6》曾在布道石上举办首映礼，2000 名观影者徒步登上布道石观看了该影片，汤姆·克鲁斯称其为最不可思议的观影。在《碟中谍6》中，汤姆·克鲁斯徒手爬的悬崖就是这块布道石。

刷爆朋友圈的地方

阿尔加维海滩

独特的海岸地貌、旖旎的海洋风光与色彩艳丽明快的滨海建筑，让阿尔加维海滩显得与众不同，被誉为"世界上最美丽的海滩"之一。

[阿尔加维海岸线上的海湾]

阿尔加维位于葡萄牙的东南部，靠近地中海出海口，属于亚热带海洋气候。这里风景宜人，一年中有 300 多天的充沛日照，遍地种植着无花果、橄榄树以及杏仁树，加上白色的沙滩、海岸上的石灰岩洞穴、潟湖以及悠闲而宁静的小渔村、海港，组成了一幅美丽绝伦的风景画，是世界著名的旅游度假胜地。

最独特的阿尔加维

阿尔加维海岸长期处在海水侵蚀和风力作用下，每天都发生着微妙的变化，日积月累，形成了独特的海岸地貌，如悬崖海岸、海蚀洞、

[阿尔加维隐秘的小海湾]

[海滩边上的建筑]

[阿尔加维海岸线上的悬崖]

悬崖上方的礁石经过海浪和风沙的侵蚀，形成了一个个洞穴，悬崖顶端如今有木栈道可供游客步行参观，也可进入洞穴或到礁石上方拍照。

拱门和岩柱等自然奇观，它们坐落在各个海滩附近，让人不禁惊叹大自然的创造力，葡萄牙南部的海岸线也因此变得旖旎、壮美。

阿尔加维绵延数十千米的海岸上分布着众多类型的海滩，有的天然隐秘，有的游客稀少，有的热闹非凡，有的视野开阔，它们统称为阿尔加维海滩。这些海滩都拥有洁白柔软的细沙、全年充足的阳光，其中最独特的要数海军海滩、洞穴海滩和拱门海滩。

海军海滩，悬崖兀立

海军海滩拥有锯齿状岩石构造的海岸、礁湖以及大量的沙滩，是阿尔加维登上各类封面、宣传册次数最多的海滩。这里既有长长的、依偎在金色峭壁之间的绝美沙滩，也有蜗居在岩石之中的小小海湾，再加上碧空万里、悬崖兀立，蔚为壮观。

洞穴海滩，与世隔绝的独立空间

洞穴海滩又名贝纳吉尔海滩，从海军海滩驱车大概半小时就可以到达。洞穴海滩的背面有一个被评为"全球50大自然景观"之一的海蚀洞——贝纳吉尔岩洞。从洞穴海滩出发，通过水路，绕

[海军海滩上的小拱桥岩]

这是大家最喜欢的拍摄角度，海中的两个石拱门和悬崖轮廓组成一个完美的心形。

过海边的断崖才能到达这个岩洞。

贝纳吉尔岩洞是一个与世隔绝的独立空间，洞顶有个圆形大洞，当阳光射进洞穴时，洞内细软的沙粒被照得闪闪发光，旁边的洞口则是波光粼粼的海水，构成了一处美得令人窒息的奇观。

拱门海滩，妙不可言

沿着洞穴海滩的海岸继续前行，就可来到拱门海滩，这里的海岸更加凹凸有形，海水蚕食着壁岩，处处有令人惊心动魄的洞穴、断崖，断崖下是多个被崖体包围的绵软的沙滩，这里虽然不及洞穴海滩和海军海滩有名，但是海中的拱门形断崖的美丽丝毫不逊色，而且妙不可言。

[贝纳吉尔岩洞]

[明信片上的海军海滩]
这个角度的美景是明信片和杂志封面上最常见的。

[海军海滩上的石柱]

世界奇观，玄武岩石柱

巨人之路

它的岸边有大量六边形岩石柱，以井然有序、美轮美奂的造型从峭壁伸至海面，气势磅礴，令人不得不相信这是传说中爱尔兰巨人建造的通往苏格兰的巨人之路。

[巨人之路]

巨人之路是安特里姆平原的一个岬角，位于北爱尔兰贝尔法斯特西北约 80 千米处的大西洋海岸，是爱尔兰著名的旅游景点，1986 年被联合国教科文组织列入世界自然遗产。

[巨人之路美景]

世界自然奇迹

巨人之路和巨人之路海岸包括低潮区、峭壁以及通向峭壁顶端的道路和一块高地。峭壁平均高度为 100 米，由大量的玄武岩石柱排列聚集，形成石柱林，其绵延约 8 千米长，石柱连绵有序，从峭壁伸至海面，呈阶梯状延伸入海，被视为"世界自然奇迹"。

组成巨人之路的石柱总计约有 4 万根，分别是六边形、五边形或四边形的玄武岩石柱，横截面宽度为 37 ~ 51 厘米，典型宽度约为 45 厘米，有的高出海面 6 米以上，最高的可达 12 米左右，也有的隐没于水下或者与海面高度持平，人们按照石柱的不同形状，将它们冠以形象化的名称，如巨人、风琴、大酒钵、烟囱管帽和夫人的扇子等，十分有趣。

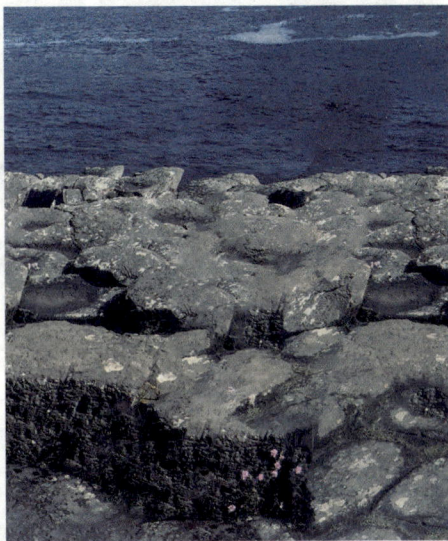

[巨人之路美景]

巨人之路虽然不怎么规则，但是自然形成的景色更显壮观。

贝尔法斯特是北爱尔兰的最大海港。其始建于 1888 年，自 1920 年起成为北爱尔兰的首府，是北爱尔兰政治、文化中心和最大的工业城市。

巨人之路的传说

巨人之路又被称为巨人堤、巨人岬、罪恶的堤柱等，其名称起源于爱尔兰民间传说。传说在远古时代，爱尔兰巨人芬·麦库尔受到苏格兰巨人贝兰多的挑战，麦库尔为了和贝兰多决斗，开凿石柱，把石柱一根又一根地搬运至海底，将海底填平，铺成通向苏格兰的堤道，去与苏格兰巨人交战。战后堤道被毁，只剩下现在的一段残留。

还有一个传说则非常浪漫：相传爱尔兰国王军的指挥官巨人芬·麦库尔，爱上了一位住在内赫布里底群岛的姑娘，

[山岩上的石柱]

[巨人之路]

[巨人之路美景]

为了接她到巨人岛来而建造了这条堤道。

柱状玄武岩地貌的完美表现

巨人之路是柱状玄武岩地貌的完美表现，这些巨大的玄武岩石柱在海岸边绵延起伏，远远望去，如同山岳一般壮美。

事实上，巨人之路是由于大西洋地壳裂开，炙热的岩浆喷涌而出，遇海水后迅速冷却凝固而成的一种天然的玄武岩，也就是冰与火交相共舞的结晶。

千万年来，这些玄武岩石柱受冰川的侵蚀和大西洋海浪的冲刷，海浪沿着石柱间的断层线把暴露的部分逐渐侵蚀掉，松动的石块则被海水搬运走，因而使巨人之路呈现台阶式的外貌雏形，再经过千万年的侵蚀、风化，最终形成了玄武岩石堤阶梯这种奇特的景观。

传说芬·麦库尔为了和苏格兰巨人决斗，千辛万苦修建好巨人之路，却发现贝兰多比自己高大很多，于是不敢发起决战，可是又不甘受辱，所幸他聪明的妻子出了个主意，她让芬·麦库尔装扮成婴儿躺在摇篮里，贝兰多看到芬·麦库尔，心想他的孩子都这么大，那父亲不知有多大，吓得赶紧跑回苏格兰了，随后，芬·麦库尔就毁掉了亲手铺设的巨人之路。

来自上帝之手的杰作

大教堂海滩

海滩上巨大的岩石在日复一日的潮起潮落中被海浪拍打侵蚀，形成了数个似哥特式教堂尖拱的天然石窟，蔚为壮观，恍若出自上帝之手。

大教堂海滩又叫卡特德莱斯海滩，位于西班牙北部卢戈省的里瓦德奥小镇旁边，它是一个奇特而美丽的沙滩，被评为"欧洲最美的海滩"之一。

大教堂海滩是韩剧《蓝色大海的传说》的取景地之一。

由高度超过 32 米的悬崖组成

大教堂海滩由高度超过 32 米的悬崖组成，是大西洋几百万年来艺术杰作的展览大厅，这里的岩石是很典型的页岩，样貌奇特，而且数量惊人，是西班牙唯一拥

[如哥特式教堂的尖拱的石拱]

[哥特式教堂的尖拱]
哥特式建筑通常大量采用这样的尖拱造型。

[海滩上隐藏的石洞]

[渐露水面的石拱]

有的如此集中的岩石群，其海滩质量被认证为蓝旗标准（西班牙海滩质量评级中蓝旗为最佳）。

并不是 24 小时都能看到

大教堂海滩的美景并不是 24 小时都能看到，由于海滩独特的地理位置，当地潮汐水位落差很大，有 6 ~ 8 米，涨潮时，潮水会慢慢地将这些"教堂"吞没，因此参观"教堂"最好的时间是退潮时，也正因为来之不易，让很多人不惜在这里花费一天的时间，只为等待这些神奇的"教堂"出现。

观赏大教堂海滩时，可以先选择站在峭壁高处，观看由西向东延伸的悬崖顶端，随着潮水渐退，慢慢地渐露岩石，等完全退潮后，岩洞和石拱则完全裸露出来，这时就可以走下峭壁，踏上软绵绵的沙滩，进入"教堂"。

[大教堂海滩观景台]

在海滩岸边的巨岩顶部，靠海的位置用栏杆围成了观景台，供游客在此休息、等待退潮，能欣赏到海滩全貌和涨潮、退潮的过程。

网红打卡地"大门洞"

大教堂海滩上的"教堂"其实是形态各异的岩洞和石拱，在阳光照射之下显得极为雄伟，而且"大教堂"会随着一天中太阳的位置不同，反射出不同的颜色，显得斑斓多彩。

在大教堂海滩众多的岩洞和石拱中，有一处巨型的石拱门走廊，是这里最具代表性的地方——"大门洞"。进入"大门洞"，里面有一些低洼的坑，残留着没有退去的海水，有些很深，可以游泳，水温会比大海里高不少；也可以躺在门洞中的沙滩上，仰望天空；还可以通过"大门洞"前往更多奇形怪状的洞穴中一探究竟。

[卢戈古城]
卢戈古城位于西班牙西北部山区，属于加利西亚大区。卢戈古城拥有世界上保存最完整的古罗马城墙，高大的城墙是用页岩砌成的，全长达 2140 米，从城墙向外突出的 85 个半圆形石堡现仍保存 50 个。此城是公元 3 世纪时的罗马人建成的，城墙上是一条完整的步行道，绕城一圈需要 30 分钟。2000 年，卢戈古城被列为世界文化遗产。

[海滩上的巨石]
大教堂海滩上巨石林立，在巨石与巨石之间又形成了许多小海滩和海湾。

81

陆止于此，海始于斯

罗卡角

这是一处伸向苍茫大海的悬崖岬角，陆地到此终止，前方是一望无际、烟波浩渺的海洋起点，因此，这里是欧洲人心目中的天涯海角，被称为欧洲大陆的尽头！

[辛特拉的雷加莱拉宫]

辛特拉山从里斯本一直延伸到大西洋岸边。辛特拉城就在北侧山脚下，尽享优越的气候，历史上是寺院和王室休假胜地。辛特拉有众多异常精美的建筑，贵族们在城内和山上盖起了漂亮的别墅。王宫的城堡变成了王室的主要休假地点。

罗卡角是葡萄牙最西端的一个伸入大西洋中的海角，也是整个欧洲大陆的最西点。"罗卡"的意思是岩石，罗卡角就是辛特拉山西端一座约 140 米高的狭窄悬崖，号称"欧洲的天涯海角"，曾被评为"全球最值得去的 50 个地方"之一。

一座十字架纪念碑

罗卡角的山崖上有一座由石头垒成的十字架纪念碑，上面刻有葡萄牙大航海时代的诗人卡蒙斯的著名诗句："陆止于此，海始于斯。"它是一座顶着十字架的丰碑，矗立于天地之间，面朝

[面向大洋的十字架纪念碑]

碑上用葡萄牙语写着："陆止于此，海始于斯"和地理坐标：北纬 38°47'，西经 9°30'。

[贝伦塔]

贝伦塔是世界文化遗产之一，此塔不仅见证了葡萄牙曾经辉煌的历史，同时也与另外两个防御据点遥相呼应，形成掎角之势。这里曾经是野心勃勃的航海家们的起始点，见证了一个海洋帝国的迅速扩张。

[罗卡角灯塔]

罗卡角灯塔矗立在陆地的最后一块山岩上。

大西洋，是罗卡角最引人注目的标志，与别处的海角相比，罗卡角陡峭的悬崖更显寂寞而冷清，也更悲壮而孤单，使人有一种走到了天边的感觉。

葡萄牙远近闻名的景点

罗卡角静立在大西洋海岸，一边是美妙绝伦的蓝天、白云，以及一望无际的大海和翱翔的海鸟；另一边是荒原、丘陵、碎石和蜿蜒的山道。无论是碧波惊涛，还是蓝天和白云，都将罗卡角绝壁之巅的红顶白墙的灯塔映衬得格外别致。这座灯塔与不远处的十字架纪念碑互相呼应，守护着罗卡角。

葡萄牙的国土犹如一艘驳船停泊在欧洲大陆西南的边缘，而罗卡角仿佛是一扇敞开的舷窗，把人们的视野引向辽阔的大西洋，吸引人们前赴后继，探寻这个海角的神秘和壮阔。

非洲的好望角在罗卡角的东南，智利的合恩角在罗卡角的西南，好望角、罗卡角、合恩角并称世界三大海角，而罗卡角是这个铺设在大西洋上的巨大三角形的起笔。罗卡角作为"文化原点"的意义，远远超过作为欧洲大陆最西端的地标意义。

[罗卡角峭壁]

纤尘不染的希腊蓝宝石

沉船湾 ∷∷∷

沉船湾被称为"希腊的蓝宝石"，拥有陡峭的悬崖、清澈蔚蓝的海水、洁白的沙滩，还有一艘锈迹斑斑的老铁船，这里曾是名噪一时的电视剧《太阳的后裔》的取景地。

沉船湾位于希腊扎金索斯岛的西北海岸，是一个裸露的小海湾，也被称为"海盗湾"，因 1983 年一艘运输香烟的走私船失事于此而得名"沉船湾"。

让人忘记天堂的地方

希腊著名诗人索洛莫斯曾说，在扎金索斯岛有一个"让人忘记天堂"的地方，毫无疑问，这个地方就是指沉船湾。

在陡峭的石灰崖环抱中，一艘锈迹斑驳的破船被遗弃在一片纯白、耀眼的沙滩上，"果冻"色的海水从破船不远处缓缓延伸出去，与远处的天空连成一片，蓝白相间，美得让人难以用言语形容，到访过此地的人都说，

扎金索斯岛位于希腊西部，属于爱奥尼亚海，岛屿的名称取自希腊神话中达耳达诺斯的儿子扎金索斯。这里不仅是科林斯黑葡萄干的原产地，也是世界罕见的蠵龟的天堂。在电视剧《太阳的后裔》中，男女主人公最终确立恋爱关系的所有情节都是在这座小岛上拍摄的。

[索洛莫斯雕像]

索洛莫斯是现代希腊诗歌最重要的奠基人之一，是希腊国歌的作词者。在扎金索斯岛的索洛莫斯广场，为纪念这位伟大的诗人而竖立了专门的雕像。

[沉船内已经铺满了沙子]

[沉船湾被峭壁环抱的沙滩]

它的美，真的如诗人索洛莫斯说的那样，能让人忘记天堂是什么模样。

最佳表白圣地

当站上崖顶狭窄的观景台，低头放眼望去，小小的海湾一眼望尽，碧海蓝天的绝美搭配，给到访的游客带来极大的视觉震撼。

在《太阳的后裔》中，宋仲基饰演的柳时镇载着宋慧乔饰演的姜暮烟划船来到此地，姜暮烟立刻就被这片美丽的奇观吸引，柳时镇随即用沙滩上的白色鹅卵石定情……因电视剧中的这个片段，这里被网友戏称为"最佳表白圣地"。

别有洞天的希腊蓝洞

沉船湾是希腊最具代表性的海滩，作为希腊的象征之一，常出现在明信片上，而与它一起出现的还有一个巨大的蓝洞。

沿着沉船湾，坐船行驶几分钟就能看到一个岩洞，这里就是扎金索斯岛的"蓝洞"，它由一座巍峨的岩石拱门组成，与其他地方的蓝洞一样，都是由于海蚀形成的类似于盆地的"石窟"，当阳光照射下来，石窟内蔚蓝的海水闪着晶莹剔透的光芒，看上去纯净得有些不真实。这里由于原始且荒僻，游客没有其他地方的那么多。

[沉船湾的破船]

1983 年的某一天，希腊当局接到线报，在扎金索斯海域有一艘走私违禁品的船只，于是警匪之间开始了一场追逐。因为暴风雨天气的影响，这艘船冲上这片海滩从而搁浅。

事后，船被遗弃在这片白色沙滩上，因几十年来雨打风吹而锈迹斑斑，以至于后来不知情的人们还以为这是一艘承载着传奇故事的海盗沉船。

[沉船湾附近的蓝洞]

洒落在地中海的明珠

天使湾 ∷∷∷

天使湾紧邻英国人漫步大道，其海滨的大圆弧线几乎如圆规画出一般优美，两端的尖端呼应，如天使的一对翅膀，海湾内高低错落的平房、沙滩上悠闲自在的游客，无不展示着特有的南法风情。

★ ══ ★

蔚蓝海岸得名于出生于第戎的史蒂芬妮于1888年发表的同名小说，是法国最出名的海岸，从法国的圣特罗佩一直延伸到与意大利接壤的芒通，其中又以尼斯、戛纳和摩纳哥的海岸最出名。

[英国人漫步大道]

尼斯位于法国东南部的普罗旺斯—阿尔卑斯—蓝色海岸大区，是滨海阿尔卑斯省首府和该省最大城市，也是仅次于巴黎的法国第二大旅游胜地，其海滨的天使湾更是欧洲人夏天度假的首选之地，也是法国蔚蓝海岸上最秀美的一段海岸。

[天使湾]

英国人漫步大道

尼斯和大部分欧洲城市一样，城内有城市广场和大量罗马式建筑，沿着老城街道一直走到南部，便是尼斯标志性、最有名的海滨散步大道——英国人漫步大道（盎格鲁大道），这是一条长达5千米、有着优美曲线并布满鲜花和棕榈树的大道，它是1830年由尼斯的英国侨民为疗养病人募款修建的，大道一侧是鳞次栉比的艺术画廊、商店及豪华酒店，另一侧就是迷人的天使湾。

闻名世界的天使湾

天使湾是世界三大海湾之一，三面环山，一面临海，海湾的大圆弧线如圆规画出一般优美，整个海湾如天使的翅膀拥抱着大海。

天使湾的海滩特别美丽，海滩上虽不是细腻的沙，而是鹅卵石，踩上去有些扎脚，却别有一番趣味。无论是躺在天使湾的海滩上享受着阳光浴，还是欣赏渐变色的海水和白色的海浪不时撞击的美景，都是一种完美的享受。除此之外，天使湾的日落美景也不容错过，在夕阳照耀下，海面上洒满一片金色，十分漂亮、宁静。

[尼斯老城与新城]
尼斯新城在摩天轮背后，橙黄色屋顶处是老城。

[城堡山介绍]
城堡山是俯瞰整个天使湾和尼斯老城的最佳观景地点。城堡山是数千年前希腊弗凯亚人选定修建商行的地方，并且因此而建造了尼斯城。这里曾是一座希腊古代城市和第一座中世纪城市要塞，如今的城堡山仅余几面墙，以及建于11世纪的大教堂遗迹、马赛克地面。

[天使湾的鹅卵石海滩]

意大利最美海滩

兔子海滩 :>:>:>

兔子海滩是意大利最美的海滩，也是"全球最美海滩"之一，曾荣膺《2013 年旅行者之选》"最美海滩"桂冠。

[兔子海滩]

被海湾环抱的兔子海滩。

[兔子岛]

兔子海滩位于意大利最南端的兰佩杜萨岛，该岛的南部海岸与相连的兔子岛海岸组成了一个心形的海滩，这便是兔子海滩。

兔子海滩得名于兔子岛，相传在海盗横行的年代，这里被海盗们放养了许多兔子，作为补充食物的地方，后来随着海盗们的覆灭，这里渐渐被人们遗忘，而这里的兔子却因自由繁殖，数量大增，成了海岛的主人，因此这里被命名为兔子岛。之后，岛上又来了一批海盗，这些兔子被大肆捕杀。

如今岛上已经完全看不到兔子，反而有很多海龟，每年春、夏交接之际，海龟就会爬到兔子岛的洞穴中产卵，目前兔子海滩已经成了自然保护区，禁止建造房屋。

兰佩杜萨岛是佩拉杰群岛中最大的一座岛，也是群岛中唯一有机场的岛。岛上最著名的景点就是兔子海滩。

大洋洲篇

小人国王后的沐浴处
王后浴缸

这里相传曾是小人国的世界，拥有神秘的大农场、甘蔗地、热带雨林、原始沙滩和海中的悬崖，处处透着与世隔绝的氛围，是崇尚自然的旅行者的目的地。

在夏威夷群岛最北端的可爱岛的纳帕利海岸，有一条长达 27 千米的海岸线，王后浴缸便是这里最美丽的风景之一。

神秘小矮人的生存之地

纳帕利海岸是夏威夷群岛上最壮观的海岸线之一，拥有直插天际的碧绿悬崖，可俯瞰浩瀚的太平洋全景，还有喷泻瀑布流入的深邃狭窄山谷。

英国著名小说《格列佛游记》中描述了一个奇幻的小人国，让无数中外读者都感到十分惊奇。现实世界中的小人国就在纳帕利海岸，相传早在 2 世纪，神秘的小矮人曼涅胡内人就在这里生活，他们耕种捕鱼，过着自给自足、朴素快乐的生活。

[可爱岛纳帕利海岸直插天际的碧绿悬崖]

可爱岛又译作考艾岛或考爱岛，拥有 600 万年的历史，相传夏威夷最初的神就居住在这里。

[电影《格列佛游记》剧照]

[王后浴缸]

冬天刮风时，可爱岛北岸的海滩波涛汹涌，哪怕是"浴缸"里的水有时也是致命的，所以这时是禁止游客下水的，只有夏天这里才会风平浪静。

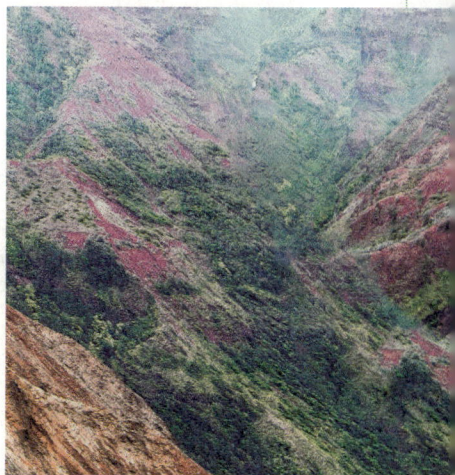

曼涅胡内人的身高为 60～80 厘米，在鼎盛时期高达百万人。曼涅胡内人是天生的建筑师，夏威夷岛上的很多历史建筑都是由他们建造的，比如拦河坝、蓄水池和庙宇等，在夏威夷的波绍波弗博物馆保存的费尔纳捷的手稿中就记载了曼涅胡内人建造 34 座庙宇的情景。据可爱岛原住民老人介绍，曼涅胡内人建筑大军总是在晚上工作，每当太阳初露头角，他们便会匆忙返回自己的家园。如今小矮人早已消失，留给人们的只有神秘的传说和珍贵的建筑遗址。

王后浴缸

王后浴缸是一个由火山岩形成的大凹池子，和海水相通，像一个很大的豪华浴缸，镶嵌在纳帕利海岸上，相传这是当年小人国曼涅胡内人的王后的沐浴处。太平洋波涛汹涌，王后浴缸里面却水平如镜，非常神奇。

除此之外，在漫长的纳帕利海岸上还有可爱岛上最高峰卡威吉尼亚山（海拔 1598 米），这里地形崎岖，峰高谷深，其中的卡拉劳步道被誉为"世界十大最美徒步路线"之一。

[威美亚峡谷]

威美亚峡谷大气、恢宏。峡谷里到处都是悬崖峭壁，怪石林立，历经岁月沧桑，被风雨剥蚀的岩层在游客面前呈现不同的颜色，近乎荒芜的红沙漠特征与其周围葱葱郁郁的植被形成鲜明的对比。天空高远蔚蓝，浮云穿行于奇峰之间。电影《侏罗纪公园》就曾在峡谷内取景。

王后浴缸在冬天真的很危险，2008 年，有 4 个人在此丧命，他们都没有下去游泳，只是在悬崖边站着，就被扑面而来的浪花卷入这个"浴缸"，淹死了。

[卡拉劳步道]

卡拉劳步道全长约 17.7 千米，是影片《侏罗纪公园》《金刚》等的取景地。

天边的那一抹红

夏威夷红沙滩

这是一片与世隔绝的海滩，沙滩上遍布神奇的铁锈色的沙子，显得荒芜、神秘，恍若外星球上的场景。

[神秘的夏威夷红沙滩]

[通往红沙滩的小路]

夏威夷红沙滩又叫凯哈鲁鲁海滩，位于夏威夷群岛第二大岛茂宜岛的哈纳湾南部，是夏威夷最著名的景点之一。

满眼是铁锈色

茂宜岛以其数量众多的海滩而闻名，而众多海滩中又以红沙滩最具特色，其所在位置十分隐蔽，从茂宜岛哈纳海滩公园有一条陡峭的小径可通往红沙滩，路上覆盖着松散的火山灰渣，路边长满了小草，十分难走。

红沙滩上裸露的岩石山体，看上去就像是铁锈色的堆积物，如果不是有蓝天白云的映衬，这里和月球表面真的没有太大区别。

红沙滩还很年轻

红沙滩是由环抱沙滩的深红色的火山岩的碎屑，经过海

[茂宜岛火山口]

茂宜岛火山口布满了铁锈色的火山灰,看上去十分诡异而神秘。

浪的冲刷而成,这种岩石山结构比较松软,并不需要经过海浪的打磨,岩石就会自行剥离山体,正因为如此,红沙滩的沙子颗粒比较粗糙,随着时间的推移,岩石山体会被进一步侵蚀,沙滩上的红色岩石颗粒的堆积物还会增加,因此这里的红沙滩还很年轻,沙滩的面积还会继续扩大。

茂宜岛面积约为 1888 平方千米,是夏威夷群岛的第二大岛,岛由东、西两个板块构成,中间靠一段瓶颈状陆地相连。岛上的景色从沐浴阳光的沙滩到阴雨连绵的热带雨林,从富饶肥沃的山谷到荒凉贫瘠的火山,变化无穷,应有尽有。

又一个天体海滩

红沙滩周围的海浪并不大,但是却很少有平静的时候,因此并不适合游泳,而且也不适合光着脚丫在沙滩上行走,除非是为了享受被粗糙的沙粒按摩脚底的那种痛并快乐的感觉。不过,由于这里比较隐秘,因此受到了不少天体日光浴爱好者的青睐。

茂宜岛被认为是夏威夷群岛中最美丽的岛屿,它不仅有美丽的海岸线,还有秀丽的山峰和茂密的植物。

[茂宜岛"阿甘虾"餐馆]

夏威夷的美食传统最早源自茂宜岛,并且这里的美食曾经多次在世界烹饪大赛中获奖。最值得一去的是以电影《阿甘正传》为渊源的"阿甘虾"餐馆,餐馆门口摆着一张乒乓球桌,旁边一把长椅上放着"阿甘"的书,椅子下面放着"阿甘"的那双跑鞋。

火山女神的眼泪

绿沙滩

这是一处原生态、绿色的沙滩，沙粒晶莹得犹如绿宝石一般，神秘而璀璨，传说每颗细沙都是火山女神的眼泪。

[美国的最南端]

南角公园位于夏威夷岛的最南部，同时也是美国的最南端，虽然只是一个标志性的地理位置，并无特殊景点，但仍然吸引了所有途经这里的游客。这是一个被荒草覆盖的悬崖海角，景色壮美，周围都是高山牧场，适合看海上落日。

[绿沙滩]

木瓜油沙滩被誉为"宝石"铺就的绿沙滩，位于夏威夷岛最南部的南角公园，是世界上仅有的两处绿沙滩之一。

火山女神的眼泪

绿沙滩的主要成分是绿色的橄榄石，其分布于海滩附近，由于海水的侵蚀和常年的摩擦作用，石头被一点点地磨成了现在的细沙，形成了世人瞩目的绿沙滩。

远远望去，绿沙滩好像一块细腻的碧玉陈列于海天之间，被海浪轻轻拍打后，湿润的沙滩好像木瓜油一般

[普纳鲁吾黑沙滩]

相传居住在夏威夷岛的火山女神与海洋女神为抢夺情人而战，火山女神战败后被困于夏威夷岛南端的普纳鲁吾黑沙滩，黑沙滩下有火山女神的宫殿，而她的眼泪就成了绿沙滩。

温润泛绿，因此也被叫作木瓜油沙滩。大多数人知道有白沙滩、黑沙滩、红沙滩甚至粉沙滩，但是绿沙滩确实让人感到神秘而疑惑。根据当地人的传说，这些橄榄石是火山女神佩蕾的眼泪流淌而成的。

难得一见女神的眼泪

火山女神的眼泪可不是什么人都能触碰的，因为通往绿沙滩的道路未经垦荒，极其难走，不管多好的越野车都很难到达，只能徒步翻越崎岖不平的火山岩后到达绿沙滩的附近，然后再翻越一座陡峭的山崖才能到达绿沙滩，一睹火山女神的眼泪真颜。

稀有和珍贵的绿沙

绿沙滩只是小小的一片沙滩，没有经过任何商业的开发。在绿沙滩入口处有个警示牌，上面写着偷沙子会被罚 500 美元，凸显绿沙的稀有和珍贵。传说，如果擅自带走女神的眼泪，就会遭到女神的报复。

[火山女神形象]

火山女神叫佩蕾，是夏威夷原住民的图腾神之一。

橄榄石是一种天然宝石，其母岩是地幔最主要的造岩矿物，是一种镁与铁的硅酸盐。主要成分是铁、镁、硅，同时可含有锰、镍、钴等元素。晶体呈粒状，在岩石中呈分散颗粒或粒状集合体。属于岛状硅酸盐。橄榄石可蚀变形成蛇纹石或菱镁矿，可以作为耐火材料。

[放大后的绿沙颗粒晶莹剔透]

最具活力的激情沙滩

威基基海滩

威基基海滩是夏威夷最具活力的激情沙滩，可以游泳、冲浪、潜水，吃、喝、玩、乐、购物一应俱全，是到夏威夷度假的必到之地。

[尤克里里]

尤克里里的意思是"跳跃的跳蚤"，是夏威夷的一种四弦拨弦乐器，发明于葡萄牙，盛行于夏威夷，归属在吉他（一般六弦）乐器一族。

[奢华的威基基海滩]

威基基海滩位于夏威夷首府火奴鲁鲁（又称为檀香山市），其一面临海，另一面被阿拉威河与市区其他地方隔开。

充满激情的地方

威基基在原住民语言中是"喷涌之水"的意思，是多数人心目中最典型的夏威夷海滩，也是世界最著名的海滩之一，这里平均每日游客多达2.5万人，每年的观光收益就高达50亿美元，占了夏威夷全州观光收入的45%，因此，只用"著名"两个字来形容威基基海滩似乎略显简单。

威基基海滩长仅1.6千米，有蔚蓝的大海、洁白的沙子、热烈的阳光，凡是来夏威夷旅游的人，威基基海滩是必到之地，因为这里实在是太美了。早在19世纪初，夏威夷群岛上的卡美哈美哈国王就爱上了这里，并在此修建了海滩别墅。

威基基海滩虽然只是个弹丸之地，却是一个充满激情的地方。来到这里，所有人的热情、活力都会被顷刻点燃，可以在这里游泳、冲浪、潜水，也可以坐在海滩边的餐厅，喝一杯浓浓的菠萝汁，看浪花朵朵，听夏威夷经典的尤克里里音乐和海水扑打在礁石上的声音，这一切让人觉得非常惬意。

[威基基海滩上的冲浪板租赁点]
威基基海滩的浪比较大，是冲浪爱好者心中的天堂。

瓦胡岛上大多数的饭店皆坐落于威基基海滩。威基基海滩的西侧是世界上最大的开放式购物中心——阿拉莫纳中心。

卡美哈美哈国王是夏威夷历史上第一个统一夏威夷群岛的国王。

威基基海滩的公共服务设施非常健全，瓦胡岛的商业基本上都集中在这一块，包括吃饭、购物和娱乐。

古兰尼牧场大片拍摄地

古兰尼牧场距离威基基海滩有 40 分钟的车程，建于 1850 年，整个牧场沿海岸线绵延 8 千米，跨越三座山脉、两道峡谷，共占地约 16 平方千米。

[威基基海滩美景]

古兰尼牧场是大量好莱坞电影的拍摄地，如《侏罗纪公园》《珍珠港》《人猿泰山》《金刚》等，都有大量的场景曾在此拍摄，如今这里是瓦胡岛的顶级景区。

除了古兰尼牧场之外，威基基海滩周边还有很多有趣的景点，包括威基基水族馆、檀香山动物园和恐龙湾等。

[古兰尼牧场]

恐龙湾 ····

恐龙湾是一个巨大的"U"形海湾，这里海天一色，美得独一无二，每个来此的人都在不经意间迷失在大海的怀抱之中。

[马蹄铁]

为了保护马蹄不受伤害，马主人都会在马的脚掌上钉上"U"形的马掌，所以每当马走过松软一点的地时，都会留下"U"形的脚印。

[恐龙湾美景]

马克·吐温曾说过："夏威夷是全世界最美丽的群岛。"瓦胡岛堪称夏威夷群岛的心脏，恐龙湾则是组成这个心脏的最重要的组织。

恐龙湾有许多形象的名字

恐龙湾也称为鳄鱼湾，更有欧洲人称其为马桶圈，据说恐龙湾这个名字是中国人给它起的。因为从海湾的一头远远望去，像是一头恐龙卧在海水中。此外，恐龙湾还被称为马蹄湾，因为它的一面受海浪万年不变的拍击而倒塌，变成了像被马蹄踩过的形状。

[鸟瞰恐龙湾]

鸟瞰恐龙湾，其形如一头巨型鳄鱼张开着大口在喝水。

恐龙湾是瓦胡岛上的一座海滩公园，鸟瞰整个海滩，就像一幅大自然鬼斧神工创造出来的现代派抽象画。不同的人来到这里，都会根据自己的想象给它取一个名字。

"夏威夷最理想的潜水地"之一

恐龙湾是一座火山喷发以后，由火山石堆砌而成的海湾，这里的海水非常清澈，海里有很多矿物质，海洋生物众多，水下的鱼类长得很肥，胆子非常大，只要手捧鱼食，放入水中，它们甚至敢一哄而上，从投喂者手中直接抢夺食物。这里浪小，有珊瑚礁石和聚集的热带鱼类，因此成为夏威夷最理想的潜水地之一。

瓦胡岛位于可爱岛和茂宜岛之间，是美国夏威夷州的首府，也是夏威夷群岛中人口最多的岛。

恐龙湾是电影《蓝色夏威夷》的外景地之一。

[水下珊瑚]

恐龙湾的鱼因常年被游客喂养，造成了海水污染，使水下珊瑚礁石大面积地受到破坏。当地政府为防止海湾进一步被污染，如今每天只允许 3000 名左右游客到访，并规定星期二不开放。

"世界五大奇景"之一
喷水海岸

踏上天宁岛，曾经的炮火仿佛就在眼前，如今硝烟虽然早已散去，这里也恢复了原始、粗犷，然而喷水海岸上一飞冲天的水柱，依旧会震撼每一个来到此地之人。

[装载原子弹的地方]

当年装载原子弹的地方是个长方形的坑，如今坑的上方装了玻璃罩。旁边竖立着一块介绍牌，可以让人们更清楚地了解当年装载原子弹的情况。

[日军空军指挥部遗址]

据说当年这栋楼的底层是日军空军指挥部及机要部门，而二楼就是供日军享乐的歌舞厅等。大楼已经在第二次世界大战中被美军炸毁，其残骸依然矗立在路边，从其残存的建造结构依旧可以看到当年辉煌的样子，这是一个被废弃的遗迹，除少数军事迷外，鲜有人知道。

喷水海岸位于北马里亚纳群岛第二大岛天宁岛东南端。天宁岛不大，岛上只有一条主公路，从岛屿的北方起沿着公路南下，两旁是被美丽的热带植物覆盖的山脉，途中可以经过关闭后被废弃的机场，曾经轰炸日本的两颗原子弹"小男孩"和"胖小子"，就是从这里被装载到B-29轰炸机上去的；沿途还有第二次世界大战时日军空军指挥部遗址等。

一直沿着天宁岛主公路南下，透过道路两旁郁郁葱葱的椰树，可以看到迷人的蓝绿色海洋，海岛的东南角就是被列为"世界五大奇景"之一的喷水海岸。

塔加海滩是戏水拍照的绝佳之地，也是热门的广告拍摄地，更是深受日本比基尼女郎喜爱的写真拍照点。

[塔加海滩]

"世界五大奇景"之一

喷水海岸的地形复杂，遍布着大小不同的不规则火山岩溶洞，这些溶洞历经百万年海浪冲击而形成，当潮水扑打溶洞时，会发出惊人、巨大的回声，除此之外，海水还会随着浪涌，穿越洞口，朝空中喷出数丈高的水柱，像鲸喷出的水柱一般。如果运气好的话，还能见到水雾折射出的、若隐若现的彩虹。

塔加海滩

从喷水海岸出发，沿着天宁岛主公路前行，路过有名的塔加人酋长宫殿遗迹——距今已有3500年历史的塔加石屋，即可到达被视为曾经的塔加人酋长的私人海滩——塔加海滩，它是天宁岛上最大的海滩，这里的海水深浅不一，透明度极高，天气好时甚至可以看到海底，海底呈现的景色也各不相同，像是打碎的翡翠，不禁让人有种莫名的怜惜，不忍打扰，是不同水平潜水者的理想潜水地。

天宁岛乃至整个北马里亚纳群岛上的原住民都将拉提石视为神物，将其称为镇岛石柱。据说拉提石不能倒，否则将有大灾难来临。如今，拉提石又被赋予了新的神力，据说膜拜它，就可以保佑情侣们的爱情像镇岛石柱一样天长地久。

[喷水海岸]

在风浪大时，喷水海岸的潮水喷起的水柱最高达18米，相当壮观。喷水海岸地形复杂，有非常坚硬的礁石，游客要选择鞋底较硬的鞋子保护自己的脚，防止被突出的礁石划伤。

天堂也不过如此

斐济珊瑚海岸

珊瑚海岸是斐济最美的海岸，也是当地最著名的景点之一，几乎所有来斐济的人都听说过它的大名，是当地不可错过的一道风景。

[绚丽的珊瑚]

第一个发现斐济的欧洲人是荷兰航海家塔斯曼，他于 1643 年到达这里，19 世纪上半叶欧洲人开始移入。

斐济人爱美，而且男人比女人更甚。这里的男人喜欢在身上佩戴琳琅满目的饰品，尤其是红色的扶桑花。斐济人不论男女，都爱将这种火红的花朵插在头上，插左边表示未婚，插两边则表示已婚。

维提岛又名美地来雾岛，是南太平洋岛国斐济共和国最大及最重要的岛屿。斐济是世界上最东也是最西的国家，作为斐济主岛的维提岛，还是迎接全世界第一缕阳光的地方。

维提岛最值得驻足的地方并非城市，而是珊瑚海岸，它也是整个斐济最值得去的地方之一。

珊瑚海岸是一条沿着维提岛南岸，从辛加东加到太平洋港的长约 80 千米的海岸公路，穿过一片美丽的甘蔗田、松树农场。沿途风景优美，细沙遍布，海水湛蓝，珊瑚礁隐约可见，这里也是维提岛最美的海。

珊瑚海岸的珊瑚礁异常漂亮和丰富，与澳大利亚的珊瑚礁相比，这里显得宁静很多，也更神秘、更浪漫，随手一拍就是绝美的照片，不禁让人感叹：天堂也不过如此。

奇怪的大圆石头蛋

摩拉基大圆石

摩拉基大圆石毫无规则地散落在可可西海滩上，随着潮水或显现或隐没，或半露于水面，仿佛是顽皮的巨型"恐龙蛋"，让每一个访问者都倍感不可思议，为之感叹。

[海滩上凌乱散落的大圆石]

摩拉基大圆石位于新西兰南岛的奥马鲁和但尼丁之间的可可西海滩，距离奥马鲁38千米，是一个颇为神奇的景点。

像是一片巨大的恐龙蛋

在绵长的可可西海滩上有50余个巨大的圆形石头，凌乱地散布着，远远看上去就像是一片巨大的恐龙蛋，形成了

[奥马鲁城市建筑，足以证明其曾经繁华过]

奥马鲁是位于太平洋东岸的一座小城，在19世纪晚期，奥马鲁因淘金、采石和木材加工而风生水起并繁荣一时，但时过境迁，现在这里变得有点萧条和冷清。

一道独特而亮丽的自然景观。

　　没有人知道这些圆石经过了多少年的岁月洗礼，它们趴在沙滩上，任由海水起伏、拍打，形成各有特色的圆蛋，有的是中空的，有的中间是非常坚硬的化石，有的呈网状结构，有的光滑无比，有的则已然开裂，看上去像龟背一般……

摩拉基是一个能让人完全沉静下来的小渔村，依海而建，宁静宜人。

[一排大圆石]

未解之谜

　　摩拉基大圆石直径最大的达 2 米，最小的也将近半米，这些形状怪异的圆石外壳是一层十几厘米厚的石灰岩，里面则是黄褐色的结构。关于它们的"身世"，科

[破裂的大圆石]

[网状纹大圆石]

学家认为它们只是经过长久风化形成的结构奇特的大石头，这些大圆石至少形成于 400 万年前，有的学者则认为它们形成于 6500 万年前，但具体如何形成的则众说纷纭，仍是个未解之谜。

魔鬼船的古老传说

科学不能完全解释的事物，总会被神奇的故事诠释。按照毛利人的古老传说，很久以前，有一艘满载着葫芦、红薯、鳗鱼篓等货物的独木舟魔鬼船（也有人说是巨大战舰），行至可可西海滩附近的摩拉基时，被风浪打沉，船上的葫芦、红薯、鳗鱼篓等被海水冲上海滩，变成了巨大的圆石，而被海浪打散架的独木舟的龙骨，则变成了曲折的海岸线，船的身体则变成了周边隆起的海岬。

在日出或日落之时，摩拉基大圆石在阳光照耀下熠熠生辉，璀璨夺目，吸引了无数远道而来的游客来此寻幽探秘。

事实上，摩拉基大圆石并不是世界上唯一的，地质学家已经在其他地方也发现了类似的现象。比如，新西兰北岛赫基昂加港的沙滩上也有，最大的直径足足有 3米；美国北达科他州的坎农博尔河沿岸，也发现了这样大型的球形结核，最大的直径达 3 米；犹他州东北部和怀俄明州中部发现的球形结核直径则达到了 4 ~ 6 米。

毛利人是新西兰的原住民。在毛利语中，"Māori"这个词其实是"正常"或"普通人"的意思。

[摩拉基大圆石]

悉尼最上镜的海滩

小姐湾海滩

这是一个隐秘的白沙滩，是澳大利亚有名的天体海滩之一，海滩背靠开满了黄色野花的岩石，充满淡淡的花香，原始的粗犷和现代的浪漫在这里展现得淋漓尽致。

[招贴中的小姐湾海滩]
图中光屁股人物所在位置就是小姐湾海滩的位置，蓝色为海，对岸即是悉尼塔。

[从小姐湾海滩远眺悉尼塔]

小姐湾海滩又名淑女海滩，是澳大利亚悉尼东部屈臣湾中的一个隐秘且不显眼的沙滩，也是澳洲历史上最悠久的开放式天体海滩，在 20 世纪 70 年代，由澳大利亚总理宣布其为合法的天体海滩。

最受欢迎的"裸晒"地之一

小姐湾海滩的面积不大，位置很隐秘，在澳大利亚乃至全球的知名度却很高。从悉尼歌剧院前的环形码头驾车途

[小姐湾海滩]

[小姐湾海滩指示牌]

经屈臣湾，然后进入一条沿海小道，一直前行便可以在路边看到一块木制指示牌，小姐湾海滩就在指示牌下面的隐秘处。这里的环境非常漂亮，有绝美的海洋风光，被誉为"悉尼最上镜的海滩"。

天体海滩

小姐湾海滩的知名度很高，这里不仅有众多年轻人，还有老人、孩子，甚至连挺着大肚子的孕妇都会来此凑热闹。在这里，人们可以褪去衣物，露出光滑美丽的胴体，完全卸下伪装，与大自然融为一体；或站在碧蓝的海水中，翘首眺望远处的悉尼塔风光，令人忍不住沉沦在这旖旎的风光中。

来小姐湾海滩的都是正宗的天体客，但是总不乏好奇之人和记者来此采访，被访者赤身裸体地面对镜头侃侃而谈，完全不介意别人的品头论足，可见"裸"的境界之高深。

[悉尼塔]

上帝的水下"藏宝箱"

百年干贝城

百年干贝城是一个潜水胜地，这里汇集了世间罕见的百年巨型贝壳，它们藏在珊瑚丛中，让每个潜水者都不禁感叹水下世界的独特魅力。

[俯瞰帕劳]

从空中俯瞰整个帕劳的岛屿及潟湖，其景色壮美，色彩斑斓。

[砗磲]

穿过帕劳一座又一座蕈状的岛屿，百年干贝城就隐身于美丽的巴伯尔图阿普岛旁。

百年干贝城

干贝城又称巨蚌城，这个风光旖旎的水域中生存着许多大型的贝类，有像小桌子一般大小的砗磲，有超过1米长的巨型干贝，甚至还有长度相当于一个成人身高的干贝，这些生长了上百年的巨型干贝，零星或者三五成群地躺在海底的白沙上。其中砗磲是百年干贝城众多贝类中最出名、世界上最大的海洋双壳贝类，被誉为"贝王"。

有趣的浮潜景点

百年干贝城是一个十分有趣的浮潜景点，浅水处多为沙底，较深处则是珊瑚，上百个色彩斑斓、大而厚的巨型贝类错落有致地散布其间，其外观奇特而艳丽，安静生活在清澈通透的海水中，使人情不自禁地惊叹这些贝壳的硕大，除此之外，百年干贝城水下还有成百上千种不同的海底生物，让每个探索海底奥秘的人，都会感叹海洋生物的独特魅力，是帕劳群岛最不可错过的奇特景观。

百年干贝城的贝壳虽然年岁很高，但它们巨大的壳依然灵活无比，因此，在潜水靠近它们时，千万不要随意触摸，否则会有被夹住而无法脱身的危险。

[巨型红色砗磲]

帕劳是太平洋岛国中最富有的国家之一。

砗磲是稀有的有机宝石，其白皙如玉，也是佛教圣物。砗磲是海洋贝壳中最大者，直径可达 1.8 米。砗磲一名始于汉代，因其外壳表面有一道道呈放射状的沟槽，其状如古代车辙，故称车渠。后人因其坚硬如石，在车渠旁加石字。砗磲、珍珠、珊瑚、琥珀在西方被誉为"四大有机宝石"，在中国佛教中与金、银、琉璃、玛瑙、珊瑚、珍珠一起被尊为"七宝"。

[干贝城潜水]

水中的七彩祥云

水母湖

水母虽然长相美丽，但是它细长的触手却能够射出毒液，稍不小心就会被蜇伤，然而，帕劳水母湖中的水母却是罕见无毒的，因此成了帕劳的热门旅游景点。

水母湖坐落于帕劳群岛中有名的洛克群岛深处一座叫作埃尔·马尔克的岛上，因湖中有数以万计不同种类的水母聚生在一起而得名"水母湖"，这是帕劳最著名的景致之一，也是帕劳的镇国之宝，在全世界享有盛誉。

据说第二次世界大战时期，日本的侦察机低空飞过水母湖上空，发现湖中有大量金黄色的东西，以为是黄金，就派人来调查，结果发现了这种金黄色的生物，给它们起了一个响当当的名字——黄金水母，水母湖就这样被公之于世，每年吸引着大量世界各地的游客前来游玩。

无毒黄金水母湖

水母湖曾是海洋的一部分，大约 1.2 万年前，由于地壳隆起，使埃尔·马尔克岛高出海平面，岛屿中部下陷，逐渐将它与外海隔绝，形成了一片与世隔绝的水域，只有涨潮时，上层水面才会透过珊瑚礁的缝隙与大海相通，退潮后就完全隔离于大

[鸟瞰水母湖]

[成群的黄金水母]

[黄金水母]

海之外，因此，整座湖几乎维持着死水的状态，湖中的大多数海洋生物因为水中的养分日渐消耗而消亡殆尽，唯独留下了可以自行进行光合作用的水母，它们不需要猎食，也没有天敌，慢慢地触须都退化了，成为无毒水母。而且每一只水母的颜色都是迷人的金黄色，因此，这里成了世界上独一无二的无毒黄金水母湖，是帕劳最令人神往的自然景观之一。

有几分来到仙境的错觉

从帕劳首府科罗尔坐船大约 30 分钟，即可到达埃尔·马尔克岛海岸。帕劳当局非常重视保护自然生态，即便是水母湖这样的知名景点，也没有专门铺设道路，要想欣赏世界上罕见的无毒黄金水母需费点力气。

到达埃尔·马尔克岛后，需要沿着山路穿过绑着黄色布条的树林，这些绑着黄色布条的树是有毒的，因此登山时需要特别小心。攀爬过一个珊瑚礁形成的小山头后，水母湖就在山坳之中。

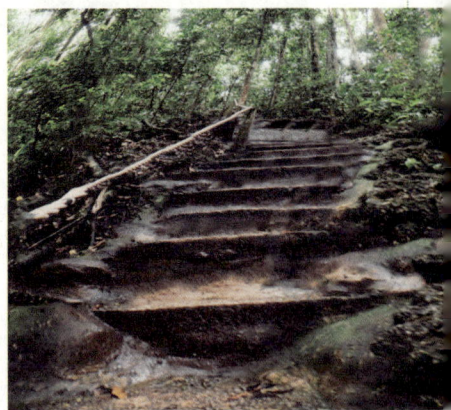

[通往水母湖的步道]

水母湖只有几个游泳池那么大，湖边耸立着高大的红树林，其根系直接深入湖底。透明如镜般的湖水中偶尔有几条小鱼游过或是水母如仙女般飘过，几缕阳光透过树林，射进水面，温柔地散射在水底，美得不像是现实，让人有几分来到仙境的错觉。

帕劳群岛珊瑚礁研究基金会的科学家们调查估计：湖中的黄金水母数量从 800 万只猛降到了 60 万只，而且数量还在持续下降。

111 ⟨⟨⟨

[水母湖]

帕劳共有 5 个无毒水母湖，出于保护目的，仅有一个对游客开放。

水母大量集中在湖中央

水母湖并不深，只有 20 米左右，但是站在岸边却很难见到大量的水母，需轻划船或者潜水到达湖的中部，大量的水母都聚集在这里。尤其是在中午，在阳光映照下，成群结队的水母会从幽寂、黑暗的湖底升腾而起，进行光合作用，只见水面上密密麻麻的水母一闪一闪地泛着金光，十分耀眼壮观。它们的伞帽一张一合，触须一伸一缩，旁若无人，悠然自得，全然不理会闯入这里的"不速之客"。

水母湖中据说曾生活着数百万只水母，它们是藻类的宿主，通过与藻类形成的共生关系生存。在大约每 10 年出现一次的厄尔尼诺现象影响下，水母湖温度升高，导致水母大面积死亡，如今它们的数量已大为减少。

[黄金水母]

水母是水生环境中重要的浮游生物，早在 6.5 亿年前就存在了，它的出现甚至比恐龙还早。水母在运动时利用体内喷水反射前进，远远望去，就像一把把圆伞在水中迅速漂游；有些水母的伞状体还带有各色花纹，在蓝色的海洋里，这些色彩各异的水母显得十分美丽。

最美日落、日出

情人崖

对相恋中的人来说，买一把爱情锁并签上两人的名字，将锁头锁在情人崖的栏杆上，是一件相当浪漫的事。

关岛最美也最让人身心放松的地方莫过于美丽的杜梦湾，而杜梦湾最值得去的地方就是情人崖，这里是关岛观日的最佳地点之一，不论是海上日落还是日出都很美，伫立在情人崖上，海风阵阵，天地间只有蓝色的海水和美丽的彩霞，海上波涛阵阵，景色十分壮观。

凄美的爱情

在杜梦湾呈弯月状、长达 4 千米的海岸线北端，有一个突出海面的断崖，其海拔 123 米，是关岛最具人气的观光景点——情人崖，在此处可远眺一览无余的碧蓝

[查莫罗人草屋]
关岛拥有 4000 多年的历史，查莫罗人约在 3500 年前到此定居，他们皮肤黝黑，身材高大，是这里最早的原住民。

[情人崖的观景台]

113

[情人崖上的同心锁]

[情人崖雕塑]

关于情人崖的另一个传说：原住民查莫罗人的首领看中了一位少女，想娶她为妻，少女为了逃避逼婚，与恋人私奔，被首领追逼至悬崖，从而双双跳下悬崖。

[情人崖]

大海，更可以尽览整个杜梦湾海岸线的美景。

情人崖又叫恋人岬、青丝崖，有一个凄美的爱情故事：相传，在西班牙统治关岛时期，有一个富有的家庭生活在首都阿加纳，丈夫是西班牙贵族，妻子是查莫罗酋长的女儿，他们有一个美丽的女儿，女孩的父亲将她许配给一位西班牙军官，但是女孩却早已和当地的一位查莫罗青年恋爱，女孩的父亲强迫她与恋人分开，这对恋人无奈之下，将头发系在一起，从断崖携手跳进蔚蓝纯洁的大海，直至死也不愿分离。

情人崖上锁爱情

此后，情人崖就成了恋人们约定终身的地方。据说在情人崖上买一把爱情锁并签上两个人的名字，将锁头锁在情人崖的栏杆上，然后将钥匙丢进大海，再一起敲响情人钟，便能使爱情长久。在旁边的教堂内还能购买恋人纪念币，很有纪念价值。

南极洲篇

最接近天堂的地方

天堂湾

这是一个纯净得发亮的港湾，到处闪耀着晶莹的色彩，让人疑似来到了仙境，千百年来，天堂湾就这样向人类展示着迷人的风采和绝世的美丽。

[天堂湾美景]

《南极条约》规定，人类不能主动去触碰这里的企鹅，需与它们保持至少 5 米的距离，但如果是企鹅主动靠近人类的话倒是允许的。

[阿根廷已经被废弃的科考站]

1951 年阿根廷建立的"布朗海军上将站"，但已经被废弃多年了，只有紧急情况时才会启用。

天堂湾被千年冰川、悬崖峭壁和雪山环绕，是南极洲最著名的景点之一，也是南极最早有人探险的地方，这里曾是阿根廷南极科考站的所在地。

地球的最南端

南极洲孤独地位于地球的最南端，95% 以上的面积被厚度极高的冰雪所覆盖，酷寒、烈风和干燥是南极洲的典型气候特征，全洲年平均气温为 −25℃，内陆高原平均气温为 −52℃ 左右，最低气温曾达到 −89.2℃，植物在这样的环境下难以生长，只能偶尔见到一些苔藓、地衣等。

天堂湾安静得就像诗中所说的"不敢高声语"，正是因为这片宁静，让在此生活的人感觉到自己的多余，甚至被这片寂静逼疯。曾位于这里的阿根廷南极科考站，就被一位随队医生一把火付之一炬，起因只不过是让他继续在科考站工作一年。

[废弃的捕鲸船]

天堂湾在历史上一直是捕鲸船的避风港和休憩的地方，有关南极的书籍中，总少不了关于它的传奇故事。捕鲸曾经是人们为获取高额利润，使用工具捕杀鲸提炼鲸油而采取的一系列活动。如今捕鲸已被禁止，但在南极一些岛屿上仍有当年所残留的船只及鲸骨。

[天堂湾]

天堂湾是南极的一大特色，这里水面平静，风浪极小，海水透明度非常高，经常会举行冰泳活动，一个猛子扎入冰凉的海水里，那感觉让人爽爆了。

[天堂湾冰川]

漂浮在海面上的冰块称为冰山，附着在陆地上的冰雪称为冰川。

[金图企鹅]

阿根廷被废弃的科考站如今已经被企鹅占据，成为它们的巢穴，这些企鹅群落中最多的就是金图企鹅。金图企鹅学名巴布亚企鹅，又名白眉企鹅，体形较大，身长60～80厘米，重约6千克，眼睛上方有一个明显的白斑，嘴细长，嘴角呈红色，眼角处有一个红色的三角形，显得眉清目秀。因其模样憨态有趣，犹如绅士一般，十分可爱，因而俗称"绅士企鹅"。

企鹅的天堂

在天堂湾安静的冰川雪地上，成群结队的企鹅俨然是这里的主人，它们或成双成对地在冰面上自由自在地晃来晃去，或一头扎进海水中戏水玩耍。

这里可以说是企鹅的天堂，它们一点儿都不惧怕人类，会面对游客的镜头做出呆萌的样子，甚至摇摇摆摆凑上去，东瞅瞅，西望望，有时还会啄啄游客的照相机或者衣角。

海洋动物的天堂

天堂湾是各种海洋动物栖息的天堂，这里不仅有企鹅，还有海狮、海豹和海狗等。海豹总是一副懒洋洋的模样，挺着鼓鼓的"啤酒肚"，躺在海滩或者冰床上，袒胸露乳地享受着太阳，面对拍照的游客，它们与企鹅

[懒散的海豹]

[南冰洋中的鲸]

不同，连眼皮都懒得抬一下。而海狗面对游客靠近时，会非常敌视，虽然它们的体形较小，但是却非常凶猛，总是露出尖牙做出要咬人的样子，不过只要游客一拍手，它们就会退到一边去。除此之外，天堂湾海面上还有各种各样的海鸟，海中还有悠然游弋的蓝鲸。总之，天堂湾是各种海洋动物栖息的天堂。

[天堂湾美景]

世界尽头的暴风走廊

德雷克海峡

德雷克海峡是世界上最危险的海峡，终年狂风怒号，曾让大量船只在此倾覆，但这里又是一个美丽的地方，令人惊叹的雪山、种类繁多的海洋生物，无不让这里充满了神奇的魅力。

[德雷克]

弗朗西斯·德雷克（1540—1596年），英国著名的私掠船长、探险家和航海家，据知他是麦哲伦之后第二位完成环球航海的探险家。1587年，英西海战爆发，德雷克在这次英国击败西班牙无敌舰队的战争中起到了至关重要的作用，他也因此被封为英格兰勋爵。

德雷克海峡位于南美洲最南端和南极洲的南设得兰群岛之间，以狂涛巨浪而闻名于世。其长 300 千米，宽 900 ~ 970 千米，平均水深 3400 米，最深 5248 米，太平洋和大西洋在这里交汇，是沟通太平洋和大西洋的重要海上通道之一。

[德雷克海峡两岸的山峰]

[德雷克海峡]

以英国海盗德雷克的名字命名

　　早在 1525 年，西班牙籍航海家荷赛西就发现了这条航道，并亲自驾船经过这个海峡，将海峡取名为"Mar de Hoces"，可惜这个名字没有广为流传。

　　16 世纪初，西班牙占领了南美洲大陆，为了垄断与亚洲和美洲的贸易，西班牙封锁了麦哲伦海峡（这是当时已知的进入太平洋的必经之路）。英国海盗德雷克的船队在一次劫掠西班牙运宝船后，被西班牙海军追击而逃窜的过程中，无意间发现了这个海峡，为英国找到了一条不需要经过麦哲伦海峡进入太平洋的新航道，从此该海峡就以德雷克的名字命名。实际上，德雷克本人最后并没有航经该海峡，而是选择了较平静的麦哲伦海峡。

[德雷克海峡海面上掠过的海鸟]

　　德雷克海峡内的海水从太平洋流入大西洋，是世界上流量最大的南极环流的组成部分，流量达每秒 1500 万立方米。

　　麦哲伦海峡位于南美洲大陆最南端，由火地岛等岛屿围合而成。葡萄牙航海家麦哲伦于 1520 年首次通过该海峡进入太平洋，故得名。

死亡走廊

　　风暴是德雷克海峡的主宰，这个终年狂风怒号的海峡也被称为"暴风走廊"。德雷克海峡似

[德雷克海峡岸边的企鹅]

[中国南极长城站]

长城站是中国在南极建立的第一个科考站，就在德雷克海峡的南极洲一侧。

乎聚集了太平洋和大西洋的所有飓风狂浪，几乎每一天的风力都在 8 级以上，历史上曾让无数船只在此倾覆，因此被称为"杀人的西风带""魔鬼海峡"，是一条名副其实的"死亡走廊"。

一切都美妙绝伦

世界各地有很多非常美丽的地方，但是能够让人在危险之中感受到美景魅力的地方却只有德雷克海峡。

德雷克海峡的水中富含磷酸盐、硝酸盐和硅酸盐，自北向南递增。这里是世界上已知的营养盐丰富、有利于生物生长的海区之一。海峡两岸有令人惊叹不已的巍峨雄伟的雪山，海水中常有海豹和鲸出没，在浮冰或岸边的岩石上常有阿德利企鹅怡然踱步，一切都美妙绝伦，企鹅声、海鸟声、海豹声，各种叫声此起彼伏，各种动物密密麻麻地遍布各处，令人惊叹于大自然的美丽与富饶！